ライブラリはじめて学ぶ物理学＝5

はじめて学ぶ 量子力学

阿部 龍蔵 著

サイエンス社

サイエンス社のホームページのご案内
http://www.saiensu.co.jp
ご意見・ご要望は　rikei＠saiensu.co.jp　まで.

まえがき

「はじめて学ぶ物理学」が出版されたのは2006年10月10日である．ついで力学，電磁気学，熱・波動・光の3冊が出版された．これらの本の出版意図は微積分を使わずに物理の諸法則を説明することにある．いまから38年前，1970年3月1日の日付で著者は今井勇先生（故人）と旺文社から「新物理の研究」を発行した．この著書は上記4冊の物理の諸分野をカバーすると同時に，「はじめて学ぶ」ライブラリにはなかった相対性理論の説明も含まれていた．量子論，あるいは量子力学に関しては関連する実験分野の紹介をしたが，微積分が必要でない範囲内でその原理を述べた．この頃，高校物理の指導要領が変わり物理は物理Iと物理IIに分かれたが，1975年2月1日発行の「研究物理II」にはコラム欄として「量子力学ABC」がとり入れられている．

過去の前例にならい，本書の前半では微積分と関係ない事項について学ぶ．しかし，量子力学の心髄は偏微分方程式のシュレーディンガー方程式である．ちょうど古典力学の基礎方程式はニュートンの運動方程式でこれは一種の微分方程式であるのと似ている．とはいえ，古典力学を学ぶには微積分は必要概念というわけではない．その理由は"微分"なる概念が日常的に経験される事項に繰り込まれてしまっているためである．例えば速度とは厳密には座標を時間で微分したものであるが，微分を知らずとも速度を理解するのは容易である．多かれ少なかれ同じような状況は古典物理学に当てはまる．その裏には古典物理学とは日常的に経験される，あるいはその延長線上にある現象を対象とすることが潜んでいる．

反面，古典物理学では理解不可能な現象もある．鉄を熱すると光るが，その理由は古典物理学の範疇では説明することができず，この辺から本書は始まる．この種の現象は光子の発見をもたらしたが，前述のように，本書の前半には微積分を使わない方針とした．後半はシュレーディンガー方程式を扱うことが主眼であるが，微積分の説明はなるべく右ページの参考とか補足で行うことにした．これは「はじめて学ぶ」ライブラリでの原則であるが，本書でもそれを踏襲し，例題，参考，補足，コラム欄は右ページに収容した．図は基本的には右ページに入れることが望ましいが，その方針にこだわっていると編集ができな

い場合もあるので，図は左ページにも配置した．

　2005年11月10日にサイエンス社から「新・演習　量子力学」を発行した．この著書は著者の東京大学，放送大学における体験を集大成したもので微積分は既知のこととして話を進めた．「はじめて学ぶ量子力学」の執筆にあたり，この経験を生かした面もある．本書の第7章以下は「新・演習 量子力学」の焼直しといっても過言ではない．しかし，本書の趣旨を実現するべく，偏微分の記号はなるべく右ページに入れた．古典力学では基礎の方程式が微分形式であってもその意味するところは直観的に理解できる．しかし，このような状況は量子力学の場合，成立しない．その意味するところは物理的であっても，これは必ずしも直観的であるとはいえず，そこに量子力学の1つの難しさがある．このような一例を以下に述べよう．

　2007年3月25日に震度6強の地震が中越沖，能登半島を襲い，この地震は能登半島地震と名付けられた．被害者には哀悼の意を表したいが，地震そのものは古典力学における現象である．2007年の夏は猛暑で東京の電力状況はピンチを迎えた．上記の地震で柏崎原発で火災が起こり，2007年の末，原子炉7機の運転再開の見通しは立っていない．少しデータは古いが97年度の原子力発電による発電電力量は全発電電力量の35.6％に達するそうである．このため，2007年夏における関東地方の電気は不足し，東京電力は他府県の助けをかり辛うじてこのピンチを乗り切った．エネルギーは狭いところ，すなわち原子核内に潜んでいる理由は古典物理学は理解できず，これを理解するには量子力学が必要となる．この辺りに量子力学の重要性があるといえる．

　量子力学は元来目に見えないものを対象としている．しかし，その結果は思いもかけず目に見える成果をもたらす．上記の原子力発電はその一例と考えてよい．他にも，テレビ，パソコン，携帯電話など我々の日常生活に密接な関係のある存在に量子力学の原理が応用されている．

　最後に，本書の執筆にあたり，いろいろとご面倒をおかけしたサイエンス社の田島伸彦氏，鈴木綾子氏にあつく感謝の意を表する次第である．

　　2008年春

阿部龍蔵

目　　次

第1章　量子力学の必要性　　1

1.1　固体のモル比熱 2
1.2　熱　放　射 6
1.3　光　電　効　果 8
1.4　原子の安定性 10
　　　演　習　問　題 14

第2章　波と粒子　　15

2.1　プランクの量子仮説 16
2.2　アインシュタインの光子説 18
2.3　光の二重性 20
2.4　ド・ブロイの発想 22
2.5　電子波の応用 24
　　　演　習　問　題 26

第3章　水素原子模型　　27

3.1　水素の存在 28
3.2　水素の利用 30
3.3　水素の出す光 32
3.4　ボーアの水素原子模型 36
3.5　前期量子論 40
　　　演　習　問　題 42

第 4 章　古典的な波動　　43

- 4.1　波動の基礎概念 44
- 4.2　波を表す方程式 46
- 4.3　波 の 性 質 50
- 4.4　音　　波 54
- 4.5　定　常　波 56
- 　　　演　習　問　題 60

第 5 章　ド・ブロイ波に対する式　　61

- 5.1　分　散　関　係 62
- 5.2　自由粒子に対するシュレーディンガー方程式 64
- 5.3　質量，長さ，エネルギー間の関係 66
- 5.4　波　動　関　数 68
- 5.5　量子力学と古典力学 70
- 　　　演　習　問　題 72

第 6 章　量子力学の原理　　73

- 6.1　物理量と演算子 74
- 6.2　エルミート演算子 78
- 6.3　確　率　の　法　則 80
- 6.4　ブラとケット 82
- 6.5　固有関数の完全性 84
- 6.6　行　列　力　学 86
- 　　　演　習　問　題 88

第 7 章　スピンと量子統計　　89

- 7.1　量子力学的な角運動量 90
- 7.2　昇降演算子の行列 92
- 7.3　ス　　ピ　　ン 96
- 7.4　量　子　統　計 98
- 　　　演　習　問　題 102

目　　次　　　v

第8章　近似方法　　103
- 8.1　定常，非縮退の場合の摂動論 104
- 8.2　定常，縮退の場合の摂動論 106
- 8.3　変 分 法 108
- 8.4　非定常な場合の摂動論 112
- 　　演 習 問 題 114

第9章　散乱問題　　115
- 9.1　1次元の散乱 116
- 9.2　トンネル効果 118
- 9.3　ボルン近似 122
- 　　演 習 問 題 124

演習問題略解　　125
索　引　　148

コラム

時間平均と集団平均　　5	物質と光　　59
光は波か？粒子か？　　21	ディラックのユーモア　　71
野口英世とウイルス　　25	フーリエ解析　　85
宇宙開発と燃料電池　　31	フェルミ面と物性　　99
物理教育と波動　　45	ヘリウムの励起状態　　111

第1章

量子力学の必要性

　ニュートンの力学とマクスウェルの電磁気学とを古典物理学という．19世紀の物理学者や化学者はすべての自然現象は古典物理学で説明できると信じていた．しかし，19世紀末から20世紀始めにかけて低温技術の発展，測定方法の進歩などに伴い，古典物理学では説明できないような現象が次々と見つかった．単原子分子から構成される固体のモル比熱は気体定数 R の3倍に等しく，これをデュロン-プティの法則という．室温程度の実験値はこの法則通りの値を示し古典物理学の正しさが示される．高温に熱した物体からは電磁波が放射され，これに対し古典物理学ではレイリー-ジーンズの放射法則が成立する．この法則に基づき電磁波の全エネルギーを計算すると ∞ になってしまう．簡単にいえば，鉄を熱するとなぜ赤くなるかという幼稚園児にも理解できる疑問に対し古典物理学は答えられない．本章では，これ以外，光電効果，原子の安定性などを例にとり，なぜ量子力学が必要かを論じる．

本章の内容

1.1　固体のモル比熱
1.2　熱　放　射
1.3　光　電　効　果
1.4　原子の安定性

1.1 固体のモル比熱

比熱　ある物体の温度を 1 K だけ上げるのに必要な熱量をその物体の**熱容量**という．特に，1 g の物体の熱容量を**比熱**という．熱量の単位として cal（カロリー）を使う場合があるが，現在では熱量をエネルギーの単位である J（ジュール）を用いることが定められている．また，1 モルの熱容量を**モル比熱**という．モル比熱は物体の種類によって決まる．

熱力学の第一法則　物体は莫大な数の分子から構成される．これらの分子は運動エネルギーや分子間には相互作用のエネルギー，すなわち力学的エネルギーをもっている．一般に，物体の内部に蓄えられている力学的エネルギーを**内部エネルギー**という．熱力学の立場では，内部エネルギー U は状態量で体系の体積 V，温度 T の関数とする．圧力 p のもとにある物体に ΔQ の熱量を加えたとき，体積が ΔV だけ増加したとすれば，体系の内部エネルギーを増加分 ΔU は

$$\Delta U = \Delta Q - p\Delta V \tag{1.1}$$

と書ける．これを**熱力学の第一法則**という．

物質の三態と分子の配列　一定量の物質は圧力，温度によって固体，液体，気体かのいずれかの状態をとる．この 3 つの状態を**物質の三態**という．物質の最小単位は分子であるが，1 モル中の分子数 N_A は物質の状態とは無関係で

$$N_A = 6.02 \times 10^{23} \text{ mol}^{-1} \tag{1.2}$$

で与えられる．これを**モル分子数**あるいは**アボガドロ定数**という．1 個の分子は数個の原子から構成される．例えば，水分子 H_2O は水素原子 2 個と酸素原子 1 個から成り立つ．圧力を一定に保ち，温度を上げ，固相 → 液相 → 気相 という状態変化を分子という微視的な観点からみよう．低温では図 **1.1(a)** のように固体状態が実現し分子は規則正しい配列を作って，結晶構造を構成する．結晶格子を構成する分子は釣合いの位置を中心として振動するが，これを**格子振動**という．格子振動は調和振動子で記述されるが，これについては例題 1 で学ぶ．p.4 で格子振動に付随する内部エネルギーについて論じる．格子振動は温度上昇とともに激しくなるので，これを**熱運動**ともいう．固体に熱を加えると，分子の規則正しい配列が崩れ，固相から液相へと変化する．図 **1.1(b)** のように，液相では分子は振動しながら位置を入れ替えるような運動をしている．さらに，高温になると，液相 → 気相 という状態変化が起こり，分子は自由に空間中を激しく運動するようになる ［図 **1.1(c)**］．

1.1 固体のモル比熱

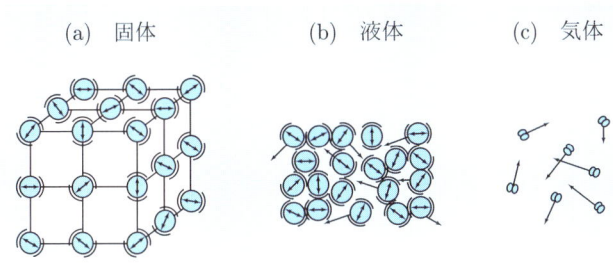

(a) 固体   (b) 液体   (c) 気体

図 1.1 物質の三態

例題 1 格子振動の 1 つのモデルとして，一直線（x 軸）上を運動する質量 m の質点が原点 O を中心とする調和振動する体系を考えることがある．この体系を**一次元調和振動子**という．一次元調和振動子に関する次の問に答えよ．

(a) 質点の x 座標が $x = r\sin(\omega t + \alpha)$ で表されるとする．r は振幅，ω は角速度（角振動数），α は初期位相である．質点の速度 v を求めよ．

(b) 質点の力学的エネルギー e は

$$e = \frac{1}{2}mv^2 + \frac{1}{2}\omega^2 x^2$$

で与えられる．e は時間によらない定数であることを示せ．

解 (a) 座標 x は $x = r\sin(\omega t + \alpha)$ と書けるので，速度 v は

$$v = \lim_{\Delta t \to 0} \frac{\Delta x}{\Delta t} = r\omega \cos(\omega t + \alpha)$$

と計算される．

(b) 運動エネルギー K，位置エネルギー U は

$$K = \frac{1}{2}mv^2 = \frac{1}{2}mr^2\omega^2 \cos^2(\omega t + \alpha)$$

$$U = \frac{1}{2}m\omega^2 x^2 = \frac{1}{2}mr^2\omega^2 \sin^2(\omega t + \alpha)$$

と書ける．$\cos^2\varphi + \sin^2\varphi = 1$ の関係を使うと

$$e = \frac{1}{2}mr^2\omega^2$$

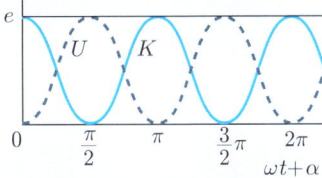

図 1.2 振動のエネルギー

となり，e は時間に依存しない定数である（図 1.2）．この e を**振動のエネルギー**という．K, U はそれぞれ時間に依存するが，その和は定数となる．これは力学的エネルギー保存則を表す．

格子振動によるエネルギー　固体分子は釣合いの位置を中心をして格子振動を行うが，そのエネルギーは固体の内部エネルギーに寄与する．固体中の電子も内部エネルギーに関与するが，電子の内部エネルギーが効いてくるのは数 K という極低温だけなので，通常の温度では固体の内部エネルギーは専ら格子振動によると考えてよい．振動の振幅があまり大きくないと，格子振動は例題 1 で述べた調和振動で表される．簡単のため単原子分子で構成される固体を考慮し体系中の分子数を N とする．1 個の分子は x, y, z 方向に振動でき，体系は $3N$ 個の一次元調和振動子と等価となる．

一次元調和振動子　図 1.2 からわかるように，一次元調和振動子では運動エネルギー K と位置エネルギー U と間でエネルギーの交換が起こり，結果として両者の和が一定に保たれ，それが振動のエネルギーである．時間平均を ¯ で表せば $\overline{K} = \overline{U}$ が成り立つ．単原子分子の理想気体の場合

$$\langle K \rangle = \frac{k_B T}{2} \tag{1.3}$$

が成り立つ．上式で，k_B は**ボルツマン定数**と呼ばれ，気体定数 R をモル分子数 N_A で割ったものに等しい．R に対する次の値

$$R = 8.31 \, \text{J} \cdot \text{mol}^{-1} \cdot \text{K}^{-1} \tag{1.4}$$

と (1.2)（p.2）を使うと

$$k_B = \frac{R}{N_A} = 1.38 \times 10^{-23} \, \text{J} \cdot \text{K}^{-1} \tag{1.5}$$

が得られる．(1.3) の $\langle K \rangle$ は，気体分子のあるものは速く走り，あるものは遅く走るという状況に対する集団平均を表す．時間平均 = 集団平均 という等式がこの種の問題を論じる基本的な仮定で，一例を右ページのコラム欄に示す．

デュロン-プティの法則　上の仮定を認めると，単原子分子から構成される固体の内部エネルギーは，同じ温度にあり，同じ単原子分子の理想気体のちょうど 2 倍となる．このため定積モル比熱 C_V も 2 倍となり次式が得られる．

$$C_V = 3R \tag{1.6}$$

これを**デュロン-プティの法則**という．室温でのモル比熱については例題 2 で学ぶ．気体定数 R は cal 単位で表すと 2 に近く (1.6) は $C_V \simeq 6 \, \text{cal} \cdot \text{mol}^{-1} \cdot \text{K}^{-1}$ を意味するが，銅に対する実測値は低温でこの法則からずれる（図 1.3）．温度が 0 になると C_V も 0 になるよう振る舞い，これは古典物理学では理解できない．アインシュタインの仕事はこの矛盾を解決するため導入されたが，量子力学の先駆けとなった．それについては第 2 章で述べる．

1.1 固体のモル比熱

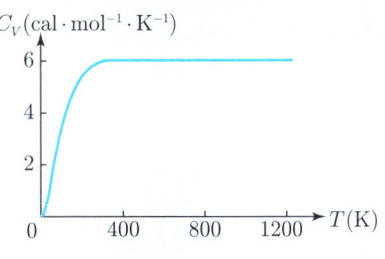

図 1.3 銅の C_V と絶対温度との関係

表 1.1 単原子分子の固体の定圧モル比熱

亜鉛	25.48
金	25.38
銀	25.49
ナトリウム	28.23
鉛	26.82

例題 2 表 1.1 に理科年表から引用した固体の 298.15 K における単原子分子の固体の定圧モル比熱を表す．この値は $J \cdot mol^{-1} \cdot K^{-1}$ の単位で表したものである．この表を使い，金のモル比熱のデュロン-プティの法則の予想された値からの誤差を求めよ．

解 固体の場合には熱膨張は小さいので定圧モル比熱と定積モルは等しいとし，これを単に C とおいてよい．(1.4), (1.6) によりデュロン-プティの法則を使うと単原子分子の固体のモル比熱 C は

$$C = 3R = 24.93\, J \cdot mol^{-1} \cdot K^{-1}$$

と表される．金のとき，表 1.1 の実測値との違いは $0.45\, J \cdot mol^{-1} \cdot K^{-1}$ でその誤差は 1.8 ％程度である．

時間平均と集団平均

1 モルの気体を考えると，1 億の 1 億倍のそのまた 1 億倍という莫大な数の分子が運動している．その分子同士が衝突したり，容器の壁とぶつかってはね返されたりして容器内を運動している．1 つの分子に注目すると，これに付随する物理量 f は時々刻々変化し，その時間平均が $\overline{f}$ である．集団平均 $\langle f \rangle$ は集団に対する平均値を意味するが，両者の平均が等しい例としてさいころを振り，例えば 1 の出る確率を考えよう．この確率はいうまでもなく 1/6 である．この確率を求めるため，同じさいころを何回も振り 1 の目の出る確率を計算する．これは時間平均をとることに相当する．同じ確率を求めるため，与えられたさいころと寸分違わぬ多数のさいころを準備しこれらをいっせいに振って，1 の目の出る確率を見積もる．当然ながら，両者はともに 1/6 の数値を与える．

熱力学の範囲では，物質の示す現象だけに注目しその微視的な性質に深入りしない．気体運動論では気体が多数の分子から構成されるという立場から気体の示すいろいろな性質を研究する．これを一般化したのが統計力学でその基礎づけには 時間平均 = 集団平均 という仮定を使う．

1.2 熱放射

熱放射 物体の表面から光（一般的には電磁波）が放出される現象を**熱放射**という．熱放射を利用すると物体の温度分布が色によって表示でき，このようなサーモグラフィーは医療などに利用されている．常温の鉄も熱放射を行っている．ただ，放射される電磁波の量が少ないのと，波長の長いものばかりであるために，目に見えないだけの話である．

黒体放射 物体の表面に電磁波が当たったとき，表面は電磁波の一部を反射し，一部を吸収する．特に全然反射をせず，当たった電磁波をすべて吸収してしまうものを**完全黒体**あるいは単に**黒体**という．電磁波を通さない空洞を作り小さい孔をあけ，これを外部から見ると，孔に当たった電磁波は反射されずすべて空洞の中に吸収される．よって，孔の部分は黒体の表面と同じ役割をもつ．空洞内の放射を**空洞放射**というが黒体放射は空洞放射と等価である．

レイリー-ジーンズの放射法則 絶対温度 T における空洞放射を扱うには，T で囲まれた空洞内における電磁波のエネルギー分布を考察すればよい．その空洞に小さな孔をあけたときに外部へ放出される電磁波が黒体の表面から放出されるものと同じになる．空洞内に閉じ込められた電磁波は調和振動子の集合と等価である．そのような議論の結果，体積 V の空洞中で振動数が ν と $\nu + \Delta\nu$ の範囲内にある振動子の数 $g(\nu)\Delta\nu$ は

$$g(\nu)\Delta\nu = \frac{8\pi V}{c^3}\nu^2 \Delta\nu \tag{1.7}$$

と表される（演習問題 4）．上式で c は真空中の光速である．一方，古典物理学では T にある調和振動子のエネルギーの平均値は，前節で述べたように $k_\mathrm{B}T$ と書ける．したがって，(1.7) からわかるように $\nu \sim \nu + \Delta\nu$ の範囲内の電磁波のエネルギー $E(\nu)\Delta\nu$ は

$$E(\nu)\Delta\nu = \frac{8\pi k_\mathrm{B} TV}{c^3}\nu^2 \Delta\nu \tag{1.8}$$

となる．これを**レイリー-ジーンズの放射法則**という．図 **1.4** に $E(\nu)$ の実測値を示すが，レイリー-ジーンズの結果は ν の大きいところで実験と合わない．

熱放射の全エネルギー 空洞中の全エネルギー E を求めるため (1.8) を ν に関し 0 から ∞ まで加える．その結果は無限大となってしまい，物理的に無意味である．簡単にいえば，鉄を熱したとき光るという簡単な問に古典物理学は答えられないということになる．

1.2 熱放射

例題 3 x, y, z 軸に各辺が沿う 1 辺の長さ L の立方体の空洞を想定し，その中の電磁場を表す電場 $\boldsymbol{E}$，磁場 $\boldsymbol{H}$ は $\boldsymbol{E}, \boldsymbol{H} \propto e^{i\boldsymbol{k}\cdot\boldsymbol{r} - i\omega t}$ という平面波で記述されるとする．$\boldsymbol{E}, \boldsymbol{H}$ は**周期的境界条件**に従うと仮定し，例えば E_x に対し $E_x(x+L, y, z) = E_x(x, y, z)$ が成り立つとする．このような条件下で，以下の問に答えよ．
(a) 波数ベクトル $\boldsymbol{k}$ はどのように表されるか．
(b) k_x, k_y, k_z を x, y, z 軸とするような空間を**波数空間**という．波数空間の中の微小体積 $\Delta\boldsymbol{k}\,(=\Delta k_x \Delta k_y \Delta k_z)$ に含まれる状態数は

$$\frac{\Delta\boldsymbol{k}}{(2\pi/L)^3} = \frac{V}{(2\pi)^3}\Delta\boldsymbol{k}$$

であることを示せ（$V = L^3$ は空洞の体積）．

解 (a) 周期的な境界条件から

$$e^{i(k_x L + k_x x + k_y y + k_z z)} = e^{i(k_x x + k_y y + k_z z)} \quad \therefore \quad e^{ik_x L} = 1$$

となる．オイラーの公式（演習問題 2）によると θ が実数のとき $e^{i\theta} = \cos\theta + i\sin\theta$ が成り立つ．一般に，複素数 $z = x + iy$ を xy 面上の座標 x, y をもつ点で表す．この平面を**複素平面**という．複素平面上で，$e^{i\theta} = 1$ だと θ は $\theta = 0, \pm 2\pi, \pm 4\pi, \cdots$ であることがわかる．よって，$k_x L = 2\pi l\,(l = 0, \pm 1, \pm 2, \cdots)$ と表される．y, z 方向でも同様で，まとめて書くと次の関係が得られる．

$$\boldsymbol{k} = \frac{2\pi}{L}(l, m, n) \quad (l, m, n = 0, \pm 1, \pm 2, \cdots)$$

(b) 波数空間で $\boldsymbol{k}$ は格子定数 $2\pi/L$ の単純立方格子上の格子点である（図 1.5）．1 辺の長さ $2\pi/L$ のサイコロをたくさん積み上げたとすれば，その頂点が可能な $\boldsymbol{k}$ の値を与える．そこで，各サイコロの 1 つの頂点に印をつけ印は重ならないようにすれば印は図 1.5 のような格子を構成し，サイコロと格子点とは 1 対 1 の対応をもつ．この点に注意すると，波数空間中の微小体積 $\Delta\boldsymbol{k}$ に含まれる格子点の数（状態数）は，$\Delta\boldsymbol{k}$ をサイコロの体積 $(2\pi/L)^3$ で割り，題意のように与えられる．

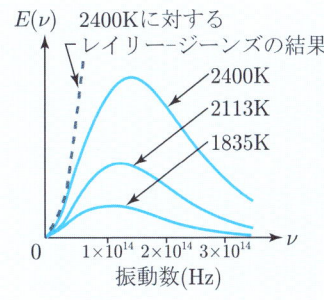

図 1.4　$E(\nu)$ に対する実測値

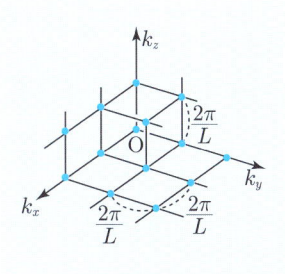

図 1.5　波数空間

1.3 光電効果

光電効果　ある種の金属（Na, Cs など）や半導体の表面に光を当てるとその表面から電子（光電子）が飛び出す（図 1.6）．この現象を**光電効果**という．光電効果が発見されたのは 19 世紀の終わり頃であるが，この効果は実用的にはカメラの露出装置や太陽電池に応用されているし，デジカメの原理ともなっている．光の波動説では光源を中心にエネルギーが四方八方に広がっていくと考える．しかし，例題 4 で学ぶように，このような古典物理学の立場では光電効果の説明は不可能である．

光電効果の特徴　振動数 ν の光を物質表面に当てたとき，光電効果は次の特徴をもつことがわかった．

① 物質にはそれに特有な固有振動数 ν_0 があり，$\nu < \nu_0$ だとどんなに強い光を当てても光電効果は起こらない．逆に $\nu > \nu_0$ だと，どんなに弱い光でも光を当てた瞬間に電子が飛び出す．ν_0 を**光電臨界振動数**という．

② 光電子の質量，速さをそれぞれ m, v とすれば光電子のエネルギー E は

$$E = \frac{1}{2}mv^2 \tag{1.9}$$

で与えられるが，$\nu > \nu_0$ の場合，E は $\nu - \nu_0$ に比例し

$$E = h(\nu - \nu_0) \tag{1.10}$$

と書ける．上式中の比例定数 h を**プランク定数**といい

$$h = 6.626 \times 10 \, \text{J} \cdot \text{s} \tag{1.11}$$

の数値をもつ．プランク定数はミクロの世界を支配する重要な物理定数である．また，(1.10) を**アインシュタインの光電方程式**という．①の性質を考慮すれば E は ν の関数として図 1.7 の実線のように表される．(1.10) で

$$W = h\nu_0 \tag{1.12}$$

とおき，**仕事関数** W を定義する．仕事関数を使うと，(1.10) の光電方程式は

$$E = h\nu - W_0 \tag{1.13}$$

と書ける．仕事関数は通常，**電子ボルト (eV)** の単位で表される．1 eV は電子が電位差 1 V で加速されるとき得るエネルギーと定義される．電子の電荷の大きさ（**電気素量**）が 1.602×10^{-19} C であることに注意すると，1 電子ボルトは国際単位系を使い次のように表される．

$$1 \, \text{eV} = 1.602 \times 10^{-19} \, \text{J} \tag{1.14}$$

1.3 光電効果

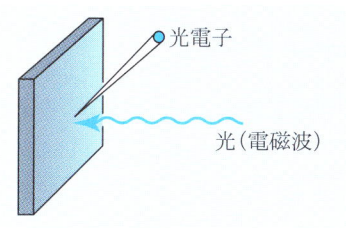

図 1.6 光電効果の模式図

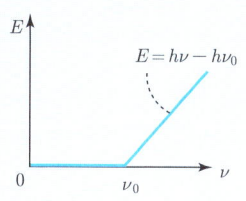

図 1.7 E と ν との関係

例題 4 豆電球の出力を 1 W とし波長 600 nm の光が Cs 原子に当たるとする．波動説では，光は電球を中心とし，球面波として周囲の空間に広がっていくと考える．豆電球から 1 m の距離の場所にある Cs 原子の半径を 0.1 nm の程度として，次の問に答えよ．ただし，Cs の仕事関数は 1.38 eV であるとする．
(a) 光電子のエネルギーは何 J となるか．
(b) 光電効果が起こる時間を概算せよ．

解 (a) 波長 600 nm の光の振動数 ν は 5×10^{14} Hz であるから，光電子のエネルギー E は (1.13) を使い

$$E = 6.63 \times 10^{-34} \times 5 \times 10^{14} \text{ J} - 1.60 \times 10^{-19} \times 1.38 \text{ J}$$
$$= 1.11 \times 10^{-19} \text{ J}$$

と計算される．

(b) 1 W は $1 \text{ J} \cdot \text{s}^{-1}$ に等しいので，1 s 当たり 1 J のエネルギーが広がっていく．電球を中心とする半径 1 m の球面の表面積は $4\pi \text{ m}^2$ なので，光のエネルギーが球対称的に広がれば，球面上の面積 S の部分を通るエネルギーは $(S/4\pi \text{ m}^2) \text{ J} \cdot \text{s}^{-1}$ となる．球面上にある原子の面積は $\pi(10^{-10})^2 \text{ m}^2$ 程度で，$S = 3.14 \times 10^{-20} \text{ m}^2$ と書ける．これを上式に代入すると

$$\frac{10^{-20}}{4} \text{ J} \cdot \text{s}^{-1} = 0.25 \times 10^{-20} \text{ J} \cdot \text{s}^{-1}$$

である．これからわかるように，1 s 当たり 1 個の原子に照射されるエネルギーは $0.25 \times 10^{-20} \text{ J} \cdot \text{s}^{-1}$ と計算される．したがって，1 個の光電子が飛び出す時間，すなわち光電効果の起こる時間は

$$\frac{1.11 \times 10^{-19}}{0.25 \times 10^{-20}} = 44.4 \text{ s}$$

と表される．実際は光の当たった瞬間に電子が飛び出すので，上の結果は実験と全く合わない．

1.4 原子の安定性

化合物と元素　物質には大別して化合物と元素の2種類がある．化合物は2種以上の元素が結合している物質で，例として水とか食塩などが挙げられる．酸素気体 O_2 や水素気体 H_2 も化合物とみなせる．化合物が分子から構成されると同様，元素は**原子**から構成される．20世紀の初頭，原子の構造に関していろいろな模型が考案されていた．例えば，電子の発見者トムソン（1856-1940）は正電荷が球状に分布し，その球の中心付近で何個かの電子が振動していると考えた．また，長岡半太郎（1865-1950）は，正電荷の球を中心として，土星の輪のように電子が回っているという模型を提唱した．

ラザフォードの結論　イギリスの物理学者ラザフォード（1871-1937）は，1911年ガイガー，マースデンによって調べられた金属箔による α 線の散乱実験を考察し，次のような結論に達した．

① 原子中で，正電荷は中心に集中していて，その近くを α 粒子が通過するとき，α 粒子は強いクーロン力を受ける．このクーロン力による α 粒子の散乱を**ラザフォード散乱**というが，実験結果は理論とよく一致する．この種の原子の中心を**原子核**と呼んでいる．

② 一般に，原子核はその大きさが $10^{-15} \sim 10^{-14}$ m の程度で，正の電荷 Ze をもつ．ただし，Z はその原子の原子番号で e は

$$e = 1.602 \times 10^{-19} \text{ C} \tag{1.15}$$

で与えられる電気素量である．巨視的に観測される電気量は電気素量の整数倍である．しかし，電気素量が小さいため，電気量は連続量とみなせる．

③ 原子は Ze の電荷をもつ原子核のまわりを Z 個の電子が回るという構造をもち，電気的中性が保たれる．

　もっとも簡単な原子は $Z=1$ の水素で，$Z=1$ の原子核を**陽子**という．すなわち，水素原子では1個の陽子のまわりを1個の電子が回る．なお α 粒子は $2e$ の電荷をもつ粒子で，He 原子の原子核である．

質量数　原子核は原子番号に等しい陽子と電荷のない中性子とから構成されている．陽子と中性子とをまとめて**核子**という．陽子の数を Z，中性子の数を N としたとき

$$Z + N = A \tag{1.16}$$

の A は原子核に含まれる核子の数を表す．この A を**質量数**という．

1.4 原子の安定性

参考 クーロンポテンシャル 電子や陽子は電荷をもって，一般に真空中で電荷 q の粒子と電荷 q' の粒子が距離 r だけ離れているとき，両者間の力（クーロン力）F は，国際単位系を用いると

$$F = \frac{1}{4\pi\varepsilon_0} \frac{qq'}{r^2} \tag{1}$$

で与えられる．(1) で ε_0 は**真空の誘電率**であり，その値は

$$\varepsilon_0 = \frac{10^7}{4\pi c^2} \frac{\mathrm{C}^2}{\mathrm{N} \cdot \mathrm{m}^2} = 8.854 \times 10^{-12} \frac{\mathrm{C}^2}{\mathrm{N} \cdot \mathrm{m}^2} \tag{2}$$

となる．ただし，(2) 中に現れる c は真空中の**光速**で

$$c = 299792458 \,\mathrm{m \cdot s^{-1}} \tag{3}$$

と決められている．上記の数値は光速の定義であり，むしろ (3) から逆にメートルとか秒（s）が決められる．クーロン力に対するポテンシャル（位置エネルギー）は

$$U = \frac{1}{4\pi\varepsilon_0} \frac{qq'}{r} \tag{4}$$

と書け，これを**クーロンポテンシャル**という．

例題 5 ポロニウムから放出される α 粒子の運動エネルギーは 8.5×10^{-13} J である．ポロニウムは発見者キュリー夫人（1867-1934）の生国ポーランドのラテン語名ポロニアにちなんで命名された放射性元素である．この α 粒子が静止している原子番号 79 の金の原子核に接近するとき，α 粒子は核から何 m まで近づくことができるか．また，金の原子核は何 m より小さいと評価できるか．有効数字 2 桁で答えよ．

解 α 粒子に比べ金の原子核は重いので，α 粒子の散乱中金の原子核は静止しているとしてよい．このため，α 粒子の運動エネルギー K とクーロンポテンシャル U の和が一定という力学的エネルギー保存則 $K + U = $ 一定 が成り立つ．α 粒子が飛び出すとき $U = 0$，α 粒子が最接近するときには $K = 0$ となる．α 粒子に電荷が $2e$ であることに注意し (4) を利用すると $K = Ze^2/2\pi\varepsilon_0 r$ と書ける．これから r は

$$r = \frac{Ze^2}{2\pi\varepsilon_0 K}$$

となる．すべての物理量を国際単位系で表せば，答えも同じ単位系で求まる．これまで述べてきたような値，$\varepsilon_0 = 8.85 \times 10^{-12}$ C$^2 \cdot$N$^{-1} \cdot$m^{-2}, $e = 1.60 \times 10^{-19}$ C を使うと r は

$$r = \frac{79 \times 1.60^2 \times 10^{-38}}{2 \times \pi \times 8.85 \times 10^{-12} \times 8.5 \times 10^{-13}} \,\mathrm{m} = 4.3 \times 10^{-14} \,\mathrm{m}$$

と計算され，金の原子核の半径はこれより小さいと評価される．

水素原子の力学的エネルギー　　水素原子に注目しその力学的エネルギーを考察しよう．水素原子では $Z=1$ で 1 個の陽子のまわりを 1 個の電子が回る．$Z \geqq 2$ の体系では電子間のクーロンポテンシャルを考慮せねばならず，話は複雑になるので，以下 $Z=1$ の場合を考える．電子に比べ陽子は重いので，陽子は静止しているとし，電子は陽子のまわりで等速円運動を行うとする．この円の半径を r とする（図 1.8）．陽子，電子はそれぞれ $e, -e$ の電荷をもつので両者間のクーロン力による位置エネルギー U は前ページの (4) により

$$U = -\frac{1}{4\pi\varepsilon_0}\frac{e^2}{r} \tag{1.17}$$

と表される．電子は陽子を中心として，一定の速さで円運動をすると仮定した．電子の速さを v，電子の質量を m とすれば，電子の運動エネルギー K は

$$K = \frac{1}{2}mv^2 \tag{1.18}$$

となり，電子の力学的エネルギー E は

$$E = K + U = \frac{1}{2}mv^2 - \frac{1}{4\pi\varepsilon_0}\frac{e^2}{r} \tag{1.19}$$

で与えられる．

向心力　　等速円運動における向心力は mv^2/r で与えられ，これが陽子，電子間のクーロン力に等しいはずである．すなわち

$$\frac{mv^2}{r} = \frac{e^2}{4\pi\varepsilon_0 r^2} \tag{1.20}$$

が成り立つ．これから

$$E = -\frac{e^2}{8\pi\varepsilon_0 r} \tag{1.21}$$

が得られる（例題 6）．(1.21) は図 1.9 のように表される．

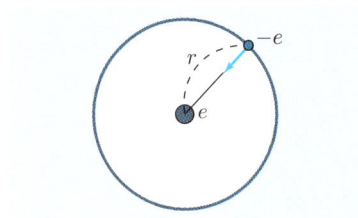

図 1.8　電子の等速円運動

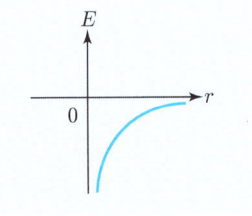

図 1.9　E と r との関係

1.4 原子の安定性

例題6 電子の角速度を ω とすれば，v は $v = r\omega$ と書ける．次の問に答えよ．
(a) ω に対する

$$\omega^2 = \frac{e^2}{4\pi\varepsilon_0 m r^3} \tag{1}$$

の関係を導出せよ．
(b) (1.21) が成り立つことを確かめよ．

解 (a) (1.20) から

$$v^2 = \frac{e^2}{4\pi\varepsilon_0 m r} \tag{2}$$

となる．(2) に $v = r\omega$ を代入すれば (1) が得られる．
(b) (2) から

$$K = \frac{1}{2}mv^2 = \frac{e^2}{8\pi\varepsilon_0 r} \tag{3}$$

と表される．(3) を (1.19) に代入すると

$$E = \frac{e^2}{8\pi\varepsilon_0 r} - \frac{e^2}{4\pi\varepsilon_0 r} = -\frac{e^2}{8\pi\varepsilon_0 r} \tag{4}$$

となって (1.21) が導かれる．

参考 **古典物理学の欠陥** 以上，水素原子のラザフォード模型をニュートンの立場で扱ったが，この立場だけに立つと E は時間の定数で $r = $ 一定 となり全体の理論は首尾一貫しているように見える．しかし，マクスウェルの電磁気学によると荷電粒子が加速度運動を行うと電磁波の発生することが知られている．上の水素原子だと，平面内で真横から電子を見るとこれは角振動数 ω の単振動を行う（図 1.10）．その結果，角振動数 ω をもつ電磁波が発生する．電磁波はエネルギーをもつから，電子の力学的エネルギー E は減少し，図 1.9 でわかるように，ついには $r \to 0$ ($E \to -\infty$) となってしまう．すなわち，古典物理学では安定な原子は存在し得ない．これは古典物理学のもつ大きな欠陥である．

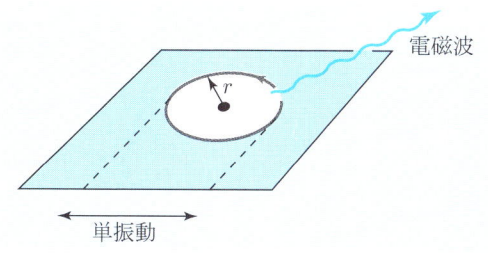

図 1.10 角振動数 ω の単振動

演習問題
第1章

1. 銅の 298.15 K におけるモル比熱は $24.47\,\mathrm{J\cdot mol^{-1}\cdot K^{-1}}$ と測定されている．デュロン-プティの法則からの誤差を求めよ．

2. 一般に，z を複素変数とするとき指数関数 e^z は
$$e^z = 1 + z + \frac{z^2}{2!} + \frac{z^3}{3!} + \cdots$$
で定義される．次の問に答えよ．
   (a) $z = i\theta$（θ は実数）とおき以下のオイラーの公式を導け．
$$e^{i\theta} = \cos\theta + i\sin\theta$$
   (b) 複素平面上で原点 O を中心とする半径 1 の円を単位円という（図 1.11）．図のような点 P は $e^{i\theta}$ を表すことに注意し，$e^{i\theta} = 1$ のときの θ を求めよ．

3. 電磁波が平面波で書けるとき，波数ベクトルの大きさ k と角振動数 ω との間には $\omega = ck$ の関係が成り立つことを示せ．

4. 電磁波は横波であるから，図 1.12 のように $\boldsymbol{k}$ の方向に進む電磁波には，これと垂直な $\boldsymbol{e}_1, \boldsymbol{e}_2$ の 2 つの直線偏光が可能である．この点に注意し，(1.7) の関係（p.6）を導出せよ．

5. Cs の仕事関数は 1.38 eV である．Cs に 600 nm の光を当てたとき飛び出す光電子の速さを求めよ．ただし，電子の質量 m は $m = 9.11 \times 10^{-31}$ kg で与えられる．

6. 金属または半導体に当てる光の波長を λ とする．$\lambda < \lambda_0$ のとき光電効果は起こるが，$\lambda > \lambda_0$ のときには同効果は起こらない．λ_0 を**光電臨界波長**という．λ_0 と ν_0 との関係を求めよ．

7. 水素原子を古典物理学で扱う場合，時間がたつにつれ陽子，電子間の距離が小さくなっていく．これに伴い放出される光の ω が増大することを示せ．

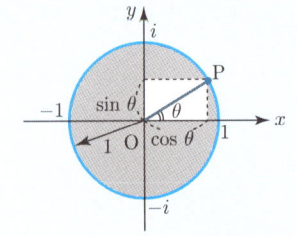 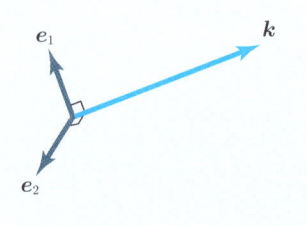

図 1.11　単位円　　　　図 1.12　電磁波の 2 つの直線偏光

第2章

波と粒子

　海岸に打ち寄せる波はあくまでも波で粒子ではない．逆にケシ粒は粒子であり波でないことは明らかである．古典物理学では波と粒子は互いに相反する概念であり，これが両立するとは考えにくい．しかし，波と粒子の二重性はいわば量子力学のキーワードの1つであり，このような互いに矛盾する概念を如何に統一的に理解していくかが量子力学を理解する鍵となる．第1章で述べた古典物理学の困難も多かれ少なかれこのような二重性と関係している．1900年という歴史の変わり目にプランクの量子仮説が導入され，量子力学への第1歩が始まった．プランクの量子仮説は提案当時，大反響を呼んだわけではなかったが，このアイディアを一般化したアインシュタインの光子説などで世の注目を受けるにいたった．光が波か？粒子か？は物理学会における大問題となったが，ド・ブロイは古典的には粒子と考えられる電子は波の性質をもつとした．これは現在の電子顕微鏡の基礎となっている．

本章の内容
- 2.1 プランクの量子仮説
- 2.2 アインシュタインの光子説
- 2.3 光の二重性
- 2.4 ド・ブロイの発想
- 2.5 電子波の応用

2.1 プランクの量子仮説

一次元調和振動子　空洞放射は一次元調和振動子の集合と等価である．一次元調和振動子のエネルギーの平均値を $\langle e \rangle$，振動数が ν と $\nu + \Delta\nu$ との間にあるよう振動子の数を $g(\nu)\Delta\nu$ とすれば，熱放射のエネルギー $E(\nu)$ は

$$E(\nu)\Delta\nu = \langle e \rangle g(\nu) \Delta\nu \tag{2.1}$$

と書ける．第1章の演習問題4により $g(\nu)$ は

$$g(\nu) = \frac{8\pi V}{c^3} \nu^2 \tag{2.2}$$

で与えられる．$\langle e \rangle = k_\mathrm{B}T$ とすれば (2.1), (2.2) はレイリー-ジーンズの放射法則（p.6）となり，図 **1.4**（p.7）で見たように ν の大きいところで実測値と一致しない．また，格子振動の場合，$\langle e \rangle = k_\mathrm{B}T$ とおくとデュロン-プティの法則を与えるので低温領域で実験と合わない．いわば，諸悪の根源は温度が一定だと $\langle e \rangle$ は一定となって ν に依存しないことにある．

量子仮説　プランク（1858-1947）は 1900 年，物体が振動数 ν の光を吸収，放出するとき，やりとりされるエネルギーは $h\nu$ の整数倍であるという**量子仮説**を提唱した．h は (1.11)（p.8）で与えられるプランク定数である．この仮説を一次元調和振動子に適用すると，振動数 ν の振動子のもつエネルギー e_n は

$$e_n = nh\nu \quad (n = 0, 1, 2, 3, \cdots) \tag{2.3}$$

と表される．古典物理学ではエネルギーは連続的な値をとるが，プランクはとびとびの値だけが許されると考えたのである．一般に，物理量がある単位量の整数倍の値をとるとき，その単位量を**量子**という．(2.3) を用いると

$$\langle e \rangle = \frac{h\nu}{e^{\beta h\nu} - 1} \tag{2.4}$$

と表される（例題 1）．ただし，β は

$$\beta = \frac{1}{k_\mathrm{B}T} \tag{2.5}$$

と定義され，この β は熱力学や統計力学でよく使われる記号である．

プランクの放射法則　(2.1), (2.2) を利用すると

$$E(\nu)\Delta\nu = \frac{h\nu}{e^{\beta h\nu} - 1} \frac{8\pi V}{c^3} \nu^2 \Delta\nu \tag{2.6}$$

が求まる．これを**プランクの放射法則**という．(2.6) は実験結果と完全に一致する．図 **1.4**（p.7）の実線は実験結果であるが，(2.6) を表すとしてよい．

2.1 プランクの量子仮説

例題 1 統計力学によると調和振動子が温度 T で熱平衡にあるとき，それが $e_n = nh\nu$ の状態をとる確率 p_n は

$$p_n = \exp(-\beta e_n) \Big/ \sum_{n=0}^{\infty} \exp(-\beta e_n)$$

と書ける．これを用いて e_n の統計力学的な平均値 $\langle e \rangle$ を求めよ．ちなみに，この確率分布を**正準分布**という．

解 $\langle e \rangle$ は $\langle e \rangle = \sum_{n=0}^{\infty} e_n p_n$ と定義される．上式の p_n をこれに代入すれば

$$\langle e \rangle = \frac{\displaystyle\sum_{n=0}^{\infty} nh\nu\, e^{-\beta nh\nu}}{\displaystyle\sum_{n=0}^{\infty} e^{-\beta nh\nu}} = -\lim_{\Delta\beta \to 0} \frac{\Delta}{\Delta\beta} \ln\left(\sum_{n=0}^{\infty} e^{-\beta nh\nu}\right)$$

$$= -\lim_{\Delta\beta \to 0} \frac{\Delta}{\Delta\beta} \ln Z$$

が得られる．ここで，Z は**分配関数**と呼ばれ

$$Z = \sum_{n=0}^{\infty} e^{-\beta nh\nu} = 1 + e^{-\beta h\nu} + e^{-2\beta h\nu} + \cdots = \frac{1}{1 - e^{-\beta h\nu}}$$

と計算され

$$\langle e \rangle = -\lim_{\Delta\beta \to 0} \frac{\Delta}{\Delta\beta} \ln(1 - e^{\beta h\nu}) = \frac{h\nu\, e^{-\beta h\nu}}{1 - e^{-\beta h\nu}}$$

$$= \frac{h\nu}{e^{\beta h\nu} - 1}$$

となり，(2.6) が得られる．なお，古典的な極限 ($h \to 0$) で上式は $k_B T$ に帰着する（演習問題1）．

参考 **プランクの放射法則の評価** プランク自身，量子仮説を提唱したとき，その物理的な意味を十分理解していなかったと思われるが，とにかくレイリー–ジーンズの式に代わるべき結果を導いた．プランクの仮説は量子力学のはしりとして現代では高く評価されているが，プランクの放射法則は最初から大反響を呼んだわけではない．当時はほとんど問題にされず，単に実験結果とよく合う1つの実験式であると考える人が多かったようである．プランクの仮説はアインシュタインによって一般化され次節で論じる光子説へと発展して，次第に注目を浴びるようになった．

　プランクは物理教育の方面でも熱心で 1923 年「理論物理学汎論」という 5 冊の教科書を著している．この著書は寺澤寛一先生によって翻訳され，プランクの教科書中 3 冊は私の書棚に収まっている．中でも第 2 巻の「変形する物体の力学」は弾性体の力学，流体力学を扱い現在でも著者はときどき参考にさせてもらっている．

2.2 アインシュタインの光子説

1905 年のアインシュタイン　1905（明治38）年，アインシュタイン（1879-1955）は3つの大きな発見を発表した．ちなみに 1904-5 年と日露戦争が行われた．いまから考えると 1905 年は奇跡の年であり，特殊相対性理論，光子説による光電効果の説明，ブラウン運動の理論がたった一人の物理学者により提唱された．これらの業績はそれまでほとんど無名に近かったアインシュタインを一躍時代の寵児にもち上げた．2005 年はちょうどその 100 周年にあたるので，世界物理年（2005-World Year of Physics）と呼ばれている．

光の本性　光の本性に関し，昔から光は波であるという**波動説**と光は粒子であるという**粒子説**が対立していた．ニュートン（1642-1727）は粒子説を支持したといわれる．1807 年イギリスの物理学者ヤング（1773-1829）は光の干渉実験を行い，光が波であることを実証した．一方，第1章の例題4（p.9）で学んだように波動説では光電効果を説明することはできない．

光子説　光電効果（p.8）を説明するため，アインシュタインは粒子説を復活させ，またプランクの量子仮説を発展させて次のような**光子説**を提唱した．すなわち，光は**光子**（**光量子**，フォトン）という一種の粒子の集まりで，1個の光子のもつエネルギー E は，その光の振動数を ν とすれば

$$E = h\nu \tag{2.7}$$

で与えられる．また，光が原子から放出されたり，あるいは原子に吸収されるとき，光は光子として放出，あるいは吸収される．光子説を認めると光電効果の特徴が理解できる（例題2）．現在の進んだエレクトロニクスを利用すればひとつひとつの光子を観測できる．これに関しては右ページの補足を見よ．

光子の運動量　運動する普通の粒子はエネルギー E と同時に運動量 p をもつ．これと同様に光子は運動量をもつと期待されるが，光子の質量 m は0と考えられるので，相対性理論の式

$$E = c\sqrt{p^2 + m^2 c^2} \tag{2.8}$$

により $E = cp$ が成り立つ．光の波長を λ とすれば，$\lambda\nu = c$ となり $p = E/c = h\nu/\lambda\nu = h/\lambda$ と書ける．また，運動量の方向は光の進行方向と一致する．以上の結果をまとめると，光子のエネルギー E，運動量の大きさ p は

$$E = h\nu, \quad p = h/\lambda \tag{2.9}$$

と表される．これを**アインシュタインの関係**という．

2.2 アインシュタインの光子説

例題 2 光子説に基づき光電効果の特徴を説明せよ．

解 $h\nu$ のエネルギーをもつ 1 個の光子が金属中の電子と衝突し，そのエネルギーを全部一度に電子に与えるとする．図 2.1 に示すように，電子が金属内部から外部へ出るのに必要なエネルギー（仕事関数）を W，光電子のエネルギーを E とすれば，エネルギー保存則により $E + W = h\nu$ で

$$E = h\nu - W$$

が得られる［上の E は光電子のエネルギーで (2.9) の E と違う点に注意せよ］．光電子の質量を m，その速さを v とすれば，E は電子の運動エネルギーであるから

$$\frac{1}{2}mv^2 = h\nu - W$$

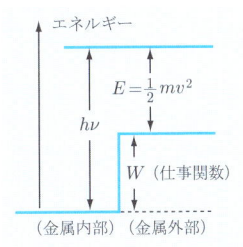

図 2.1 光子説と光電効果

のアインシュタインの光電方程式が成り立つ．(1.12) (p.8) と同様，$W = h\nu_0$ とおけば，上式は (1.10) (p.8) に帰着する．$h\nu$ が W より小さいと電子は金属内部から外へ出られず光電効果は起こらない．こうして光子説から光電効果が理解できる．

補足 光子を表す映像　アインシュタインが光子説を提唱した当時，それは 1 つの学説であった．しかし，現在の進んだエレクトロニクスはひとつひとつの光子の観測を可能とした．このためには光電子増倍管という装置を利用する．すなわち，1 個の光子がやってくるとそれを電子に変換し，これをブラウン管上で観測するという仕組みである．原子が高エネルギー状態から低エネルギー状態に遷移するとき，光子は長さ数 m の波連として放出される．このような波連はブラウン管上の 1 つのスポットとして観測される．こうして，得られる光子の映像を図 2.2 に示す．**(a)** は短時間の露出で干渉じまが見られないが，**(b)** は長時間の露出でしま模様が観測される．

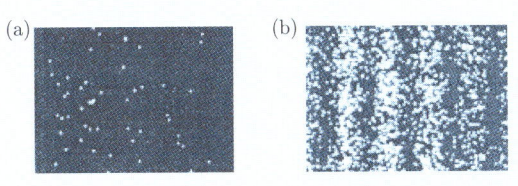

図 2.2 光子を表す映像（土屋裕・杉山優・堀口千代春・犬塚英治・黒野剛弘）
テレビジョン学会誌 Vol36, No.11(1982) p.1010

2.3 光の二重性

光の二重性　光が時と場合により波としてあるいは粒子として振る舞うことを**光の二重性**という．古典物理学の立場ではこのような二重性は理解できない．それを把握するためには量子力学が必要である．これに関しては章を進めるうちに論じるが，右ページのコラム欄を参考にしてほしい．

光と電磁波　光の波動説では，光は電磁波の一種で，図 2.3 のように電磁波は波長に従い分類される．電磁波は電場と磁場とが垂直になっているような波でその構造を図 2.4 に示す．

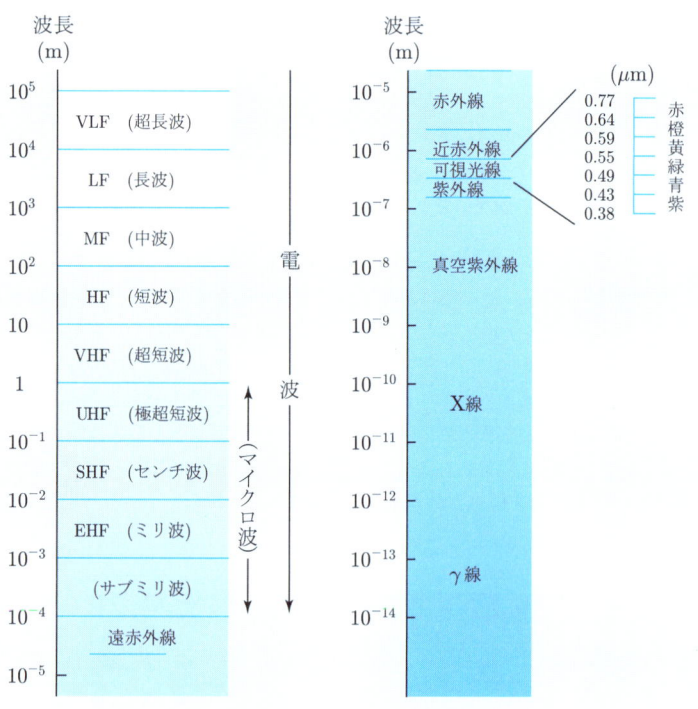

図 2.3　電磁波の分類

2.3 光の二重性

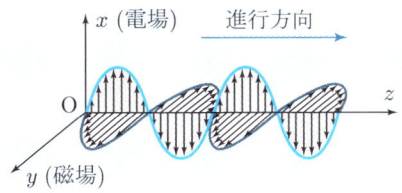

図 2.4 電磁波

光は波か？ 粒子か？

19世紀のはじめに行われたヤングの実験は光が波であることの実験的検証で，光の波動説に軍配が上がったと思われた．しかし，20世紀初頭における光電効果は光が粒子であることを示し，1905年に提唱されたアインシュタインの光量子説は粒子説の復活であった．光電効果については1.3節で述べたが，光の粒子説で干渉をどのように理解するについて朝永振一郎著「量子力学的世界像」(アテネ新書，弘文堂，1949) の中に「光子の裁判」という一文がある．この本自身かなり古く著者は高校時代に読んだと思うが，現在では原著は入手困難であろう．そこで参考のため，「光子の裁判」の概略を述べておく．被告人は波乃光子といい，弁護人はディラックである．被告の名前に朝永先生独特のユーモアが感じられる．被告人は2つの窓の両方を一緒に通ったと主張する．これに対し，検事はそんなことはあり得ない，1つの窓を通ったと考えるべきだと反論する．場面は実地検証へと移る．読者はヤングの実験を想定すればよい．警官を至るところに張り込ませキリバコ法によって被告人の足跡を記録すると，1つの経路をへて，被告人はどちらの窓を通ったことが確認される．以後，これを場合 I と名付けよう．警官がいないときには，被告人を手放すとあっという間に被告人はいなくなりスクリーンのどこかにいることがわかる．これを場合 II としよう．場合 I と場合 II ではスクリーンにおける被告人の存在確率がまるで違う．場合 I では被告人は一様な分布をするが，場合 II では被告人は干渉じまのように分布する．こうして，ヤングの実験では光子は2つの窓の両方を一緒に通ったと思わざるを得ない．

通常の常識では波と粒子とは両立できない．高校時代に1つの教養として哲学書を読んだが，正直なところよくわからなかった．1つだけ理解できたのは西田幾多郎 (1870-1945) の哲学で，矛盾的自己同一という概念である．あるものが互いに矛盾する側面をもつということで，火や原子力は善悪の2面をもちまさに矛盾的自己同一の存在に他ならない．このような点で光は矛盾的自己同一の例である．光の二重性もこのような立場から理解することができよう．

2.4 ド・ブロイの発想

ド・ブロイ波　波が粒子の性質を示すなら，逆に電子のように古典的には粒子と考えられるものは同時に波の性質をもつのではなかろうか．このような発想をしたのがフランスの物理学者ド・ブロイ（1892-1987）で，1923 年のことであった．ド・ブロイは電子の波動性の発見の業績により 1929 年ノーベル物理学賞を受賞している．実際，後になって，この予想の正しいことが実験的に確かめられた．電子に伴う波を**電子波**といい，一般に，物質粒子に伴う波を**ド・ブロイ波**あるいは**物質波**という．粒子から波へと変換する式は (2.9) (p.18) を逆にし

$$\nu = \frac{E}{h}, \quad \lambda = \frac{h}{p} \qquad (2.10)$$

とすればよい．上式を**ド・ブロイの関係**という．この関係は下記に示すように実験的に検証されているし，量子力学の基礎ともいうべきものである．(2.9) は波の言葉を粒子の言葉に翻訳する辞書，逆に (2.10) は粒子の言葉を波の言葉に翻訳する辞書としての機能をもつ．(2.9), (2.10) は波と粒子の二重性を数学的に表した関係とみなすことができよう．

デビッソンとガーマーの実験　ド・ブロイが電子の波動性を提唱した後 1927 年にアメリカの物理学者デビッソンとガーマーは，電子線が X 線と同様な回折現象を示すことを発見した．図 2.5(a) にデビッソンとガーマーの実験の概略が図示されている．彼らは Ni の結晶に，65 V の電圧で加速された電子線を当て，電子の散乱角 θ を 44° に固定し，散乱方位角 φ と散乱電子線の強度との関係を測定した．その結果が図 2.5(b) に示されている．このグラフからわかるように，散乱強度には規則正しい極大と極小とが現れている．例題 3 でこの場合の電子線の波長を 1.52 Å と計算するが，彼らはこれと同じ波長の X 線を当てたのと同じパターンが得られることを示した．さらにデビッソンは電子の運動量をいろいろ変え，電子の運動量と波長との間にド・ブロイの関係が成り立つことを確かめた．このようにして，電子の波動性は疑いないものとみなされるようになった．

電子線回折　その後，電子線の回折実験がいろいろ試みられたが，ひとたび，このような実験が行われると，電子線の方が X 線よりはるかに実験が容易であることがわかった．どうしてこの現象がそれまで見つからなかったのかと，不思議に思えるほどである．電子線によるこの種の実験は，**電子線回折**と呼ばれ，X 線と同様に，場合によってはそれより都合のよい方法として，物質の結晶構造の研究に利用されている．

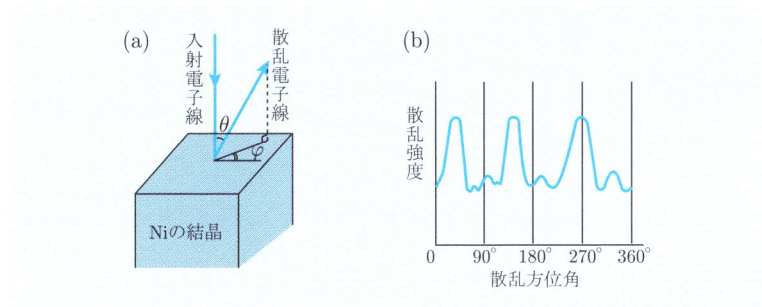

図 2.5 デビッソンとガーマーの実験

例題 3 電子波に対する次の問に答えよ．
(a) 静止している電子を電圧 V で加速した場合の電子波の波長を求めよ．
(b) 加速電圧が 65 V のときの波長はいくらか．

解 (a) 電子の質量を m とし電圧 V で加速されたとき，電子のもつ速さを v とすれば運動エネルギーの増加分は $mv^2/2$ でこれは電子になされた仕事 eV に等しく，力学的エネルギー保存則が成り立つ．すなわち

$$\frac{1}{2}mv^2 = eV \tag{1}$$

で (1) から v は

$$v = \sqrt{\frac{2eV}{m}} \tag{2}$$

となる．よって，p は $p = mv$ の定義式と (2) を使い

$$p = \sqrt{2meV}$$

と表される．p に対する結果を (2.10) の右式に代入すると次式が得られる．

$$\lambda = \frac{h}{\sqrt{2meV}} \tag{3}$$

(b) 物理量を表す単位として国際単位系を使えば，答は国際単位系での値として求まる．この点に注意し (3) に $h = 6.63 \times 10^{-34}$ J·s, $m = 9.11 \times 10^{-31}$ kg, $e = 1.60 \times 10^{-19}$ C, $V = 65$ V を代入すると λ は

$$\lambda = \frac{6.63 \times 10^{-34}}{\sqrt{2 \times 9.11 \times 10^{-31} \times 1.60 \times 10^{-19} \times 65}} \text{ m}$$
$$= 1.52 \times 10^{-10} \text{ m}$$

と計算され，$\lambda = 1.52$ Å である (1 Å $= 10^{-10}$ m)．

2.5 電子波の応用

光学顕微鏡の限界　可視光線を利用する顕微鏡を光学顕微鏡という．光学顕微鏡は微生物の研究などに重要な役割を果たしてきた．例えば，ドイツの細菌学者コッホ（1843-1910）が結核菌を発見したのは1882年のことである．しかし，光学顕微鏡はいくらでも小さなものが観測できるわけではない．顕微鏡で物を見たとき2点あるいは2線を分離して見分ける能力を分解能といい，これは大体光の波長程度である．波長を大ざっぱに $0.5\,\mu$m とすれば，これより小さな物体は観測できない．2000倍という倍率が実現すると，この大きさの物体は1mmに見え，ぎりぎり観測可能だから2000倍以上の高倍率は不可能ということになる．

電子顕微鏡　顕微鏡の倍率を高めるにはもっと波長の短い電磁波，例えばX線を利用すればよい．X線は健康診断などに利用され比較的なじみのある存在だが，残念ながらX線を屈折させるような適当な手段がない．すなわち，X線レンズのようなものが存在せず，このためX線顕微鏡は実現できない．

これに対し，電子波の場合には，電極あるいは電磁石の形を選び，電子線を適当に屈折させることができる．電子線を屈折させる装置を電子レンズという．電子レンズを組み合わせた顕微鏡が電子顕微鏡でその一例を図 2.6 に示す．電子波の波長は光の波長よりはるかに短いので，電子顕微鏡の分解能は光学顕微鏡に比べると非常によくなる．ただし，電子そのものを見ることはできないため，テレビと同じように適当な蛍光板で電子を観測している．電子顕微鏡を利用すると，例えば，タバコモザイク病ウイルスを直接観測することが可能となる（図 2.7 および右ページのコラム欄参照）．電子顕微鏡は1932年実用化されたが，現在では加速電圧も100万V程度にでき，倍率も2万倍から150万倍に高めることができる．例えば100万倍の電子顕微鏡では $1\,\text{nm} = 10\,\text{Å} = 10^{-9}\,\text{m} = 10^{-6}\,\text{mm}$ のものが1mmに見える．

電子の存在　電子は電気のキャリヤーとして日常生活に欠かせない存在である．夜分利用する電灯にせよ，夏場活躍するエアコンにせよ電気は電子によって運ばれるという性質を利用している．ブラウン管型のTVでは加速された電子がブラウン管上の物質と反応して放出される光を使っている．また，携帯するには重すぎるような図書も簡単な装置に収納できるいわゆる電子辞書は便利に使われている．このように，電子は現代文明を支える立役者だが，電子顕微鏡のように通常の光学顕微鏡では見えない領域の分野に入り込み微細なものの構造を明らかにしてきた．その実態は右ページのコラム欄にも記述されている．

2.5 電子波の応用

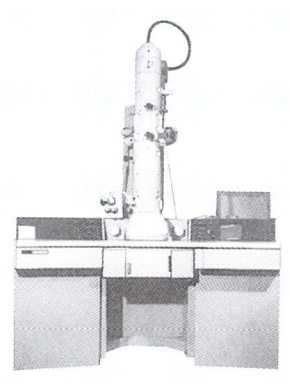

図 2.6　電子顕微鏡
(「改訂版　量子力学」
阿部龍蔵・川村清,
　放送大学教育振興会, 1993)

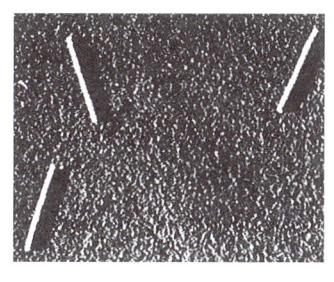

図 2.7　タバコモザイク病ウイルス

━━━━━━━━━ 野口英世とウイルス ━━━━━━━━━

　2004 年から紙幣の意匠が変更され 1000 円札には従来の夏目漱石に代わり野口英世が登場した．野口英世（1876-1928）は福島県生まれの細菌学者である．1000 円札のデザインも時代とともに変わり，1950 年からは聖徳太子，1963 年からは伊藤博文，1984 年からは夏目漱石が描かれ，戦後の歴史の縮図を表している．野口英世は著者の世代にとり憧れの対象であった．彼は立志伝のスター中のスターで，黄熱病の研究に一身を捧げたその生涯は涙を誘うものだし，これが契機となり将来は研究者を夢見る若者もいた（著者もその一人かもしれない）．野口英世は黄熱病の病原菌を突き止めようとして不眠不休の努力を払ったが，ついに病原体を発見することはできなかった．これは野口英世の努力が足らなかったためではなく，病原体が小さすぎて当時のどんな高倍率の顕微鏡を使っても見えなかったという事情による．タバコの葉がかかる病気にタバコモザイク病があり，その病原体がウイルスである．これは図 2.7 で示すような構造をもち，幅 15 nm，長さ 300 nm 程度の大きさをもつ．小児マヒをひき起こすポリオウイルス，はしかの原因となるはしかウイルス，エイズの病原であるエイズウイルスなど，ウイルスには多種多様なものがある．病原体が存在する溶液を細菌濾過器にかけたとき，病気の原因となる細菌がフィルターにひっかかれば，濾過された溶液中には病原体がいないので実験動物に投与してもその病気にはならない．ところが，日本脳炎では通常の細菌濾過器を通り抜ける病原体のあることがわかった．すなわち，濾過性の病原体が存在するわけで，これをウイルスと呼ぶようになった．ウイルスは当初，ビールスと呼ばれ，これは広く病毒を意味する．最近ではコンピュータウイルスというような言葉も使われている．ウイルスを観測するのに電子顕微鏡は必須の道具で，電子顕微鏡は固体物理学，生物学など広範な分野で活躍している．

演習問題
第2章

1. 古典的な極限 ($h \to 0$) でプランクの放射法則はレイリー-ジーンズの放射法則に帰着することを示せ．
2. 波長が $\lambda \sim \lambda + \Delta\lambda$ の範囲内にある放射エネルギーを $G(\lambda)\Delta\lambda$ と書くとして，$G(\lambda)\Delta\lambda$ を求めよ．
3. T を一定にしたとき $G(\lambda)$ が極大になる波長の値を λ_m とする．このとき $\lambda_\mathrm{m} T = $ 一定 であることを証明せよ（ウィーンの変位則）．また，上述の一定値はどのような条件から決まるか．ただし，導出には微分の話を使うので，初心者は筋道さえ理解すればよい．
4. 星の色はその表面温度と関係している．北斗七星のひしゃくの柄を延長したところに見えるアークトゥルスは春を代表する星でだいだい色に輝いている．光の波長を 600 nm として表面温度を概算せよ．
5. 波長 600 nm の光に伴う光子のエネルギーと運動量の大きさを求めよ．
6. 図 2.2(b)（p.19）で光の干渉を観測するため以下のような光の干渉実験を行う．図 2.8 で 1 点 L から出た光はスリット S を通り，ダブルスリット S_1, S_2 によって 2 つに分けられ，距離 D のところにあるスクリーン AB 上で干渉を起こす．$S_1 S_2 = d$ とおき，SC は $S_1 S_2$ の垂直二等分線とし，点 P で光波を観測する．干渉じまが生じる条件を求めよ．ただし，図の x および d は D に比べ小さいとして，$x \ll D, d \ll D$ が成り立つものとする．

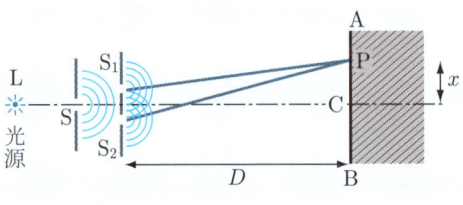

図 2.8 光の干渉

7. アルミニウム Al に赤い光を当てたとき光電効果は起こらないが，青い光を当てると光電効果が起こる．その理由を説明せよ．
8. 高速道路のトンネルではドライバーの注意を促すため黄色い光を発するナトリウムランプを照明に使うことがある．この光は D 線と呼ばれ，波長 589.592 nm と波長 588.995 nm の光の二重線である．簡単のため，D 線を波長が 589 nm の単色光とみなして，これと同じ波長をもつ電子波を作るための加速電圧を求めよ．

第3章

水素原子模型

　宇宙でもっとも大量に存在し，かつもっとも簡単な構造をもつ物質は水素である．水素は恐ろしい物質であるという印象を拭い去ることはできないが，石炭や石油の化石燃料に代わるクリーンなエネルギー源としてその将来性が期待されている．また，水素原子の出す光は簡単な構造をもち，その解明から新しい分野の物理学が誕生してきた．この物理学は第2章で述べたド・ブロイ波などと関連し現在では前期量子論と呼ばれている．前期量子論で提唱された各種の物理的概念はその後発展した量子力学でも生き残っているものが多く，前期量子論は古典物理学と量子力学とを結ぶ中継ぎの役割を果たした．本章では水素に関する最近の話題と同時に伝統的なボーアの水素原子模型について述べる．

本章の内容
- 3.1 水素の存在
- 3.2 水素の利用
- 3.3 水素の出す光
- 3.4 ボーアの水素原子模型
- 3.5 前期量子論

3.1 水素の存在

水素の存在比 水素はもっとも軽い元素であるが,宇宙でもっとも豊富に存在する物質で,質量にして宇宙全体の約 4 分の 3 を占めている.次に質量が重く,しかも多い元素はヘリウムで,これは宇宙の約 4 分の 1 である.宇宙全体はほとんど,水素,ヘリウムから構成され,残りの元素は不純物のようなものである(図 3.1).もちろん,この結果は日常的な物質観と著しく異なる.元来ヘリウムとは太陽の元素という意味をもち,地球上で見つかる前に太陽に関する研究でその存在が発見された物質である.ヘリウムが身辺で観測されることはない.これに対し,水素は身近に存在する物質である.簡単な例はゴム風船への応用であるが,水素は風船に封入され,一番軽い物質であるという特徴を生かしてこれを浮き上がらせるのに使われる.著者の子供の時代には夜店で,水素ボンベから風船に直接ガス封入する業者も見かけられた.

バーナードループ 水素原子の出す光が日常生活で観測されることはない.しかし,上述のように,水素は宇宙空間では大量に存在するため,宇宙では水素原子の出す光が観測される.ただし,この光は弱くそれが瞬間的に認識されるわけではない.一般に,天体から来る弱い光を見るためには写真を利用する.星や星雲は北極星を中心に円運動するので望遠鏡にカメラを固定し,被写体を常に望遠鏡の視野の真中に位置するようにして,例えば 1 時間にわたって露出すれば光の蓄積が得られる.天体観測にこのような写真をはじめて利用したのはアメリカの天文学者バーナード (1857-1923) である.バーナードは恒星中最大の固有運動をするような恒星の発見者としても知られ,現在これはバーナード星と呼ばれている.1895 年バーナードはオリオン座を撮影し図 3.2 に示すような結果を得た.図の中央に三つ星があるが,そのまわりを囲むようなループがある.これは発見者の名前をとり**バーナードループ**と呼ばれている.バーナードループが発する光は H_α で赤い色を示し,写真をとるときこの色に感光しやすいフィルムを使うのが有効であるといわれている.H_α については 3.3 節で述べる.なお,図 2.2(a) (p.19) のような写真をとるとき,天体写真と同じ原理が利用される.バーナードループはいわば天体写真のメッカであり,インターネットを調べると多数の記事がある.カメラの普及がこの種の傾向を強めたと思うが,図 3.2 では星が沢山写り過ぎどれが三つ星か判然としない.読者はオリオン座の近くにはバーナードループと呼ばれる一画があり,そこには水素原子が豊富に存在することを理解しておけばよい.

3.1 水素の存在

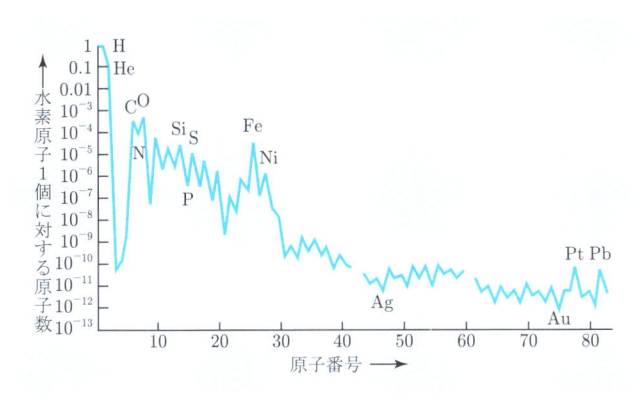

図 3.1 宇宙内の物質

図 3.2 バーナードループ

図 3.3 ヒンデンブルク号の炎上

参考　ヒンデンブルク号の炎上　水素がもっとも軽い物質である点を利用し，水素ガスはかつて飛行船を浮上させるために使われた．1937 年 5 月 6 日，ナチス・ドイツの栄光のシンボルともいうべき「ヒンデンブルク号」がアメリカのレークハーストで着陸直後，爆発炎上するという事故が起こった（図 3.3）．著者は小学校低学年でこの映像をニュース映画で見たが，印象は強烈でいまでもよく覚えている．レークハースト飛行場はニュージャジー州に属しニューヨーク近郊にある．この事故は 22 名の乗員と 13 名の乗客の人命を奪ったが，この事故以来水素ガスは爆発する危険なものと思われてきた．しかし，実際は飛行船に塗った塗料が引火性であったため事故が大きくなったといわれている．

大学での講義のとき水素ボンベが爆発した際，人間は雑巾のようにずたずたになるという話を聞かされて以来，水素ガスには恐怖を抱いている．最近，水素ガスは地球温暖化を防ぐエネルギー源として注目を浴びているが，安全対策は十分してあるものと期待したい．

3.2 水素の利用

水の電気分解　水素は環境にやさしいエネルギー源として利用されている．その原理を理解するため，出発点として水の電気分解を考える．水に少量の硫酸とか水酸化ナトリウムを加え電解質水溶液にし，電池の陽極，陰極を挿入し電圧を加え電流を流す（図 3.4）．加えた硫酸とか水酸化ナトリウムは実験のあとでもその量は変わらず，変化を受けるのは水だけである．このようにそれ自身は変化せず，化学反応を促進する物質を**触媒**（しょくばい）という．電池の陰極，陽極につながった部分から水素ガス，酸素ガスが体積比 2：1 の割合で発生する．電極の酸化を防ぐためこの部分は白金の電極とする．水の分子 H_2O は電離し

$$H_2O \to 2H^+ + O^{--}$$

というように分かれるが，H^+ は正電気をもつため陰極にひかれそこで電池からくる電子と反応して H となる．H は発生期の水素と呼ばれ $H_2/2$ に変わる（その理由については例題 1 を参照せよ）．H^+ が 2 個があるため陰極では H_2 が生じる．一方，O^{--} は陽極にひかれ，そこで O に変わるが先程と同様 $O_2/2$ となる．結局，陰極では水素，陽極では酸素が発生しその比は 2：1 となり実験結果が説明できる．また，電子は図の矢印のように進みちょうど電流と逆向きとなる．

燃料電池　燃料電池の原理は電気分解の逆過程となっている．一般に，水素やメタノールなどの燃料の化学エネルギーを熱に変えることなく，電気化学的に直接電気エネルギーに変える装置を**燃料電池**という．図 3.4 のように，燃料電池では外部から水素，酸素を送りこむ．前者，後者の電極をそれぞれ**燃料極**，**空気極**という．水素は燃料極で H^+ と電子に分かれ，水素イオン，電子は図の矢印のように進む．一方，実際は純粋な酸素でなく空気を送るため空気極と呼ばれるが，そこで，酸素は電子をうけとって O^{--} となりこの酸素イオンは水素イオンと化合して水に変化する．結局，燃料電池では外部から加えられた水素と酸素が水に変わり，余った化学エネルギーが電気エネルギーに変換される．その結果，負荷に電流が流れることになるが，廃棄物は水であるから，石油や石炭などの化石燃料が二酸化炭素を排出するのとは大違いである．

地球温暖化　50 年位前，例えば富士五湖は凍り，スケートができた．しかし，化石燃料が排出する二酸化炭素は赤外線を吸収するため，**温室効果**を生じる．空気中の二酸化炭素が増えると温室効果の結果，地球全体の温度が上がる．このような影響で全世界の平均気温は長期的に見ると上がっていく現象がある．これを**地球温暖化**といい，その対策は 1 つの急務とされている．

3.2 水素の利用

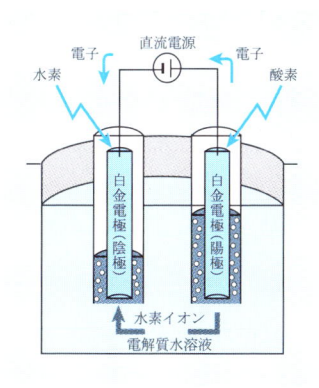

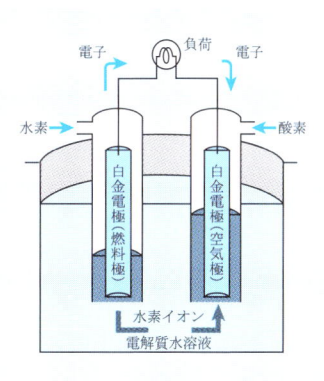

図 3.4 水の電気分解

図 3.5 燃料電池

例題 1 2 個の水素原子 H は互いに引き合い，安定な水素分子 H_2 になる．逆にいうと H_2 を 2 個の水素原子に分けるためには外部からエネルギーを加えることが必要でこれを**解離エネルギー**という．4.6 V で加速された電子を H_2 に当てると H_2 が分解することが知られている．水素分子の解離エネルギーは何 J か．

解 解離エネルギーは 4.6 eV である．これをエネルギーの国際単位の J に換算するため $1\,\text{eV} = 1.60 \times 10^{-19}\,\text{J}$ の関係に注目する．これを使うと求める解離エネルギーは

$$4.6 \times 1.60 \times 10^{-19}\,\text{J} = 7.36 \times 10^{-19}\,\text{J}$$

となる．

宇宙開発と燃料電池

　燃料電池の原理は 19 世紀の半ば頃からわかっていたが，それが実用化されたのは宇宙開発と深くかかわっている．1961 年，ときのアメリカ大統領ケネディは 60 年代の終わりまでに人間を月面に着陸させ，安全に地球に帰還させる計画（アポロ計画）を発表した．この計画通り 1969 年アポロ 11 号により人類初の月着陸が実現した．しかし，このときケネディ大統領はすでに暗殺され，大統領はニクソンであった．アポロ 11 号から 16 号までの月面探査船計画でただ 1 機月に到達できなかったのは 13 号である．アポロ 13 号の燃料電池が故障し 3 つのうち 1 つだけが生き残ったが，これを使い奇跡的にアポロ 13 号は地球に無事帰還することができた．現在のスペースシャトルでは燃料電池は宇宙船内の電源として使えるだけではなく，発電の副産物として飲料水が得られるとのことである．燃料電池はまさに一石二鳥の役割を演じている．1995 年製作トム・ハンクス主演のアメリカ映画「アポロ 13」はこの宇宙船の絶体絶命の危機と地球への生還を描いた人間ドラマである．

3.3 水素の出す光

水素の燃焼　水素は「燃える気体」と呼ばれるように，燃えやすい気体である．水素を燃焼させると淡青色の炎を上げ酸素と結合して水となる．中学校の理科の授業で水素ガスを入れたゴム風船を教室天井に上げ，これを長い柄のついたロウソクで燃やした演示実験を思い出す．特に水素2, 酸素1の体積比の混合気体は爆発的に燃焼する（燃焼というより爆発という方が適当である）．これは水素が恐れられる一因である．水素原子の出す光を調べるのは，水素の燃焼する光を対象にすればよいように思える．しかし，例題1（p.31）で述べたように通常の状態の水素は水素分子になっているため，この光は水素分子の出す光であり，原子からの光を見るには工夫が必要である．

真空放電　水素原子の出す光を調べるには真空放電を利用するのが便利である．気体をガラス管に入れ，その両端に陽極，陰極をつけて電流を流そうとしても電気抵抗が大き過ぎ電流は流れない．この事情は水の電気分解で純水のとき電気が流れないのと似ている．気体に電圧をかけると，分子や原子の電離の結果気体中に電子が生じ，この電子は電圧のため加速される．気体中の分子や原子を電離するにはふつう数V〜数10Vの電圧が必要である．水素原子を電離させるための電圧の具体的な数値は次節で学ぶ．気体分子が多数存在すると，電子は分子と頻繁に衝突して電流が流れない．そこで気体中に電流を流すためには気体分子の数を減らす必要があり，真空ポンプで気体をひき，気体の圧力を1000分の1気圧とか10000分の1気圧程度とする．すなわち，容器中の気体分子の数を通常の場合の1000分の1とか10000分の1にする．また，電流を流そうとする電圧は数1000Vという高電圧にする．このような真空放電管を利用して，水素原子に限らず一般に原子の出す光が調べられている．

ネオンサイン　真空放電では気体の種類によって発する光の色が違う．例えば空気では赤色，ネオンではだいだい色，ナトリウムでは黄色である．ナトリウムランプはこのような真空放電を利用している．第2章の演習問題8（p.26）で学んだようにナトリウムランプは高速道路のトンネルなどに利用されている．また，歓楽街のネオンサインの色も真空放電の色である．水銀ランプは家庭や道路に使われるが，その色は紫色に近い．水銀ランプは強い紫外線を含むので医療衛生などに使われる．都市で天体写真を撮ろうとすると，水銀ランプからの光が邪魔をしてうまくいかないという話を聞いたことがある．これも一種の光害というべきであろう．

3.3 水素の出す光

参考 水素原子のスペクトル 図3.6に水素原子の出す光を調べるための装置（分光器）を示す．水素気体を封入した真空放電管に適当な電圧 V をかけ，そのとき生じる光をスリットに通しプリズムに当てる．加える電圧が例題1で述べた解離エネルギーに相当する値より大きければ放電管内部に水素原子が生じる．プリズムの屈折率は光の色（波長）によって違うので，プリズムを通った光を観測すれば，水素原子の出す光の構造がわかる．一般に，光をその波長（振動数）によって分けたものを光の**スペクトル**という．また，物質の屈折率が光の波長によって異なる現象を**分散**という．

　可視光線は虹の7色赤橙黄緑青藍紫に分かれ個人差はあるが，その波長範囲は770 nmから380 nmまでである．太陽光とか白熱電球からの光は，すべての波長の光を含んでいて**連続**スペクトルを示す．これに対し，水素の気体放電管から生じる光は特定の波長の光だけをもち，このような構造を**線**スペクトルという．図3.6に次頁で学ぶバルマー系列のスペクトル線の波長を nm で表す．水素原子の場合，実際に観測にかかるのは赤，青，紫色の $H_\alpha, H_\beta, H_\gamma, H_\delta$ という4本の線である．H_α は3.1節で触れたバーナードループの光を表している．ナトリウムランプや水銀ランプからの光も線スペクトルを示す．

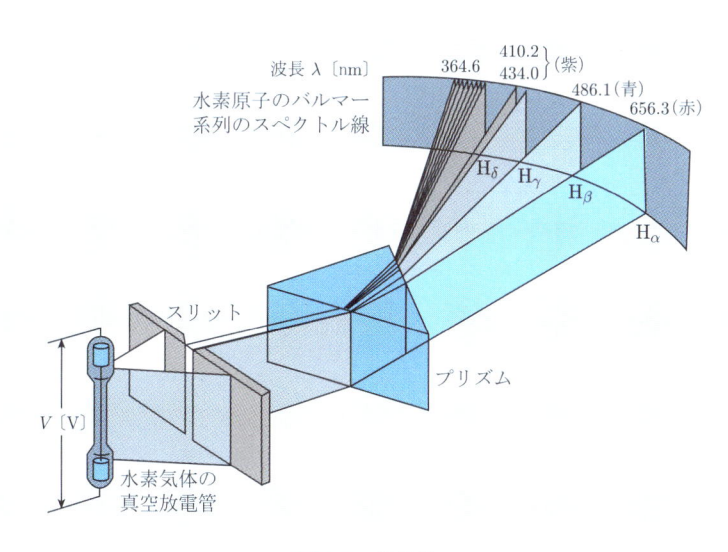

図 3.6　分光器

バルマー系列　前述の可視部に見られるスペクトル線を**バルマー系列**という．念のため，バルマー系列を繰り返し図示すると図 3.7 のようになる．中学校の先生であったバルマー (1825-1898) はスイスの物理学者で 1885 年，可視部に見られるスペクトル線を調べ以下の (3.1) の関係を導いた．図 3.7 でスペクトル線の下に書いた数字は，その線の波長を nm で表示したものである．波長が短くなるにつれてスペクトル線の間隔は次第に小さくなり，無数のスペクトル線が集積して，ついには 364.6 nm の紫外部でこの系列は終わる．いかにも意味あり気に，スペクトル線の並んでいるのが印象的である．バルマーはこの系列に属するスペクトル線の真空中の波長 λ が

$$\frac{1}{\lambda} = R_\mathrm{H} \left(\frac{1}{2^2} - \frac{1}{n'^2} \right) \quad (n' = 3, 4, 5, \cdots) \tag{3.1}$$

と表されることを発見した．このため，この系列をバルマー系列と呼ぶ．陽子の質量を無限大としたときの R_H を R_∞ と書くが，R_∞ は

$$R_\infty = 1.097373 \times 10^7 \,\mathrm{m}^{-1} \tag{3.2}$$

の**リュードベリ定数**である．陽子の質量が有限であるため R_∞ は R_H より $0.054\,\%$ 大きい．すなわち

$$R_\infty = 1.00054 \, R_\mathrm{H} \tag{3.3}$$

である．この問題については 3.4 節 (p.39) で再び論じる．(3.1) で $n' = 3, 4, 5, \cdots$ とおいた項が $\mathrm{H}_\alpha, \mathrm{H}_\beta, \mathrm{H}_\gamma, \cdots$ に対応する．

他の系列　可視部のバルマー系列だけでなく，波長の長い領域の赤外部では**パッシェン系列**，同じように波長の短い領域の紫外部では**ライマン系列**が発見されていて，他にも似たような系列が観測されている．これらの系列は，例外なくすべて統一的に

$$\frac{1}{\lambda} = R_\mathrm{H} \left(\frac{1}{n^2} - \frac{1}{n'^2} \right) \tag{3.4}$$

という形で表される．ここで，n は正の整数，また

$$n' = n+1, n+2, n+3, \cdots \tag{3.5}$$

である．(3.4) で $n = 1$ とおいたのが波長の短いライマン系列，$n = 2$ とおいたのがこれまで議論してきたバルマー系列，また $n = 3$ とおいたのが波長の長いパッシェン系列を表す．また，これらの系統以外に $n = 4$ の系列，$n = 5$ の系列が発見されていて，これらは発見者の名をとり $n = 4$ の系列は**ブラケット系列**，$n = 5$ の系列は**ブント系列**と呼ばれる．こうして，水素原子の線スペクトルは (3.4), (3.5) の関係で完全に記述される．

3.3 水素の出す光

例題2 (3.1)で $n' = 3$ あるいは $n' = \infty$ とおいて H_α およびバルマー系列最小の波長を求め，図3.7に示した数値と比べよ．

解 (3.1)で $n' = 3$ とおき，H_α の波長 λ_α は

$$\frac{1}{\lambda_\alpha} = R_H\left(\frac{1}{4} - \frac{1}{9}\right) = \frac{5}{36}R_H \quad \therefore \quad \lambda_\alpha = \frac{36}{5R_H}$$

と表される．$R_\infty = 1.00054 R_H$ の関係を使い，(3.2)を利用すると λ_α は

$$\lambda_\alpha = \frac{36}{5R_\infty} \times 1.00054 = \frac{36 \times 1.00054}{5 \times 1.097373 \times 10^7 \, \text{m}} = 656.5 \, \text{nm}$$

と計算され，図3.7で示した値との違いは $0.2 \, \text{nm}$ である．

(3.1)で $n' = \infty$ としたときの波長 λ_∞ は

$$\frac{1}{\lambda_\infty} = \frac{R_H}{4} \quad \therefore \quad \lambda_\infty = \frac{4}{R_H}$$

と書け，これから

$$\lambda_\infty = \frac{4}{R_\infty} \times 1.00054 = \frac{4 \times 1.00054}{1.097373 \times 10^7 \, \text{m}} = 364.7 \, \text{nm}$$

が得られる．図3.7との違いは $0.1 \, \text{nm}$ である．

参考 リッツの結合則 水素原子に限らず，一般の原子の場合でも，その原子に固有なスペクトル項の数列

$$T_1, T_2, T_3, \cdots \tag{1}$$

があり，原子の出すスペクトル線の $1/\lambda$ は，(1)のうちの2項の差として

$$\frac{1}{\lambda} = T_n - T_{n'} \tag{2}$$

という形に書ける．(2)をリッツの結合則という．水素原子のスペクトル項は

$$T_n = \frac{R_H}{n^2}$$

と表される．

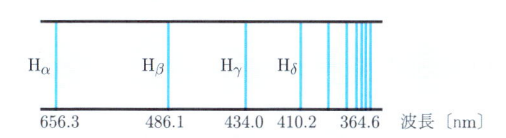

図3.7 バルマー系列

3.4 ボーアの水素原子模型

ボーアの理論　ボーアは 1913 年，水素原子のスペクトルを説明する 1 つの理論を提唱した．ボーア (1885-1962) はデンマークの物理学者で 1922 年，原子の構造とその放射の研究に対しノーベル物理学賞が贈られた．ボーアの理論は次の 3 つの仮定に基づいている．

① 原子内の電子のエネルギーは連続的でなく離散的である．一定のエネルギーをもつ状態（**定常状態**）では光を出さない．エネルギー最低の定常状態を**基底状態**，それより上の状態を**励起状態**という．

② 電子が 1 つの定常状態から他の定常状態に移るとき，そのエネルギー差に相当する光子を吸収したり，放出したりする．この光子の伴う光の振動数を ν とすれば

$$h\nu = E_{n'} - E_n \qquad (3.6)$$

となり，これをボーアの振動数条件という．図 3.8 のように，$E_{n'} > E_n$ とするとき，光子の放出，吸収に対して (3.6) が成り立つ．

③ 定常状態では，電子は古典力学の法則に従って運動する．

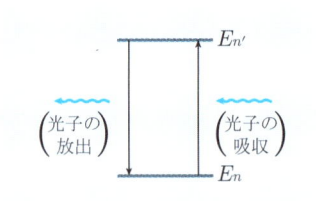

図 3.8　光子の放出，吸収

量子条件　水素原子の定常状態を決めるには適当な条件が必要でこれを**量子条件**という．この条件を導くため，陽子を中心として電子は半径 r の等速円運動を行うとし，電子に伴うド・ブロイ波の波長を λ とする．円に沿う電子波がスムーズにつながるためには

$$2\pi r = n\lambda \quad (n = 1, 2, 3, \cdots) \qquad (3.7)$$

の量子条件が要求される（例題 3）．上の整数 n を**量子数**という．この関係は電子の角運動量の大きさ l が

$$l = n\hbar \qquad (3.8)$$

であることを意味する（例題 4）．ただし，$\hbar$ は

$$\hbar = \frac{h}{2\pi} = 1.055 \times 10^{-34} \,\text{J}\cdot\text{s} \qquad (3.9)$$

で，これを**ディラックの定数**という場合がある．

3.4 ボーアの水素原子模型

例題 3 水素原子中の電子波について (3.7) の量子条件が成り立つことを示せ．

解 電子が半径 r の円運動をしているとき円周の長さは $2\pi r$ であるから $2\pi r/\lambda = n$ とおくと，n は円周に含まれる波の数である．図 3.9 の **(a), (b)** にそれぞれ $n=6, n=5.5$ の場合を示す．これからわかるように，円に沿って電子波がスムーズにつながるためには，n が整数でなければならない．**(b)** のような場合には電子波が何回も円周を回っている内，波の干渉が起こり結局電子波は 0 となってしまう．このようにして (3.7) の量子条件が導かれる．

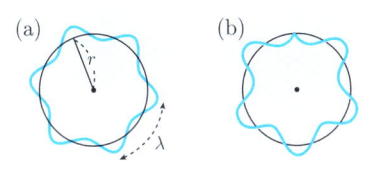

図 3.9 水素原子中の電子波

例題 4 (3.7) の量子条件は，(3.8) の関係と等価であることを証明せよ．

解 電子の運動量の大きさを p とすれば，ド・ブロイの関係により
$$\lambda = \frac{h}{p}$$
が成り立つ．量子条件は $2\pi r = n\lambda$ で与えられ上式を代入すれば
$$2\pi r = n\frac{h}{p}$$
と書ける．電子の軌道角運動量の大きさ l は
$$l = pr$$
と表され，これから $l = n\hbar$ が得られる．

参考 **軌道角運動量とスピン角運動量** ある点 O から見た質点の位置ベクトルを $\boldsymbol{r}$，質点の運動量を $\boldsymbol{p}$ とすれば，古典力学の立場では
$$\boldsymbol{l} = \boldsymbol{r} \times \boldsymbol{p}$$
で定義される $\boldsymbol{l}$ を点 O のまわりの角運動量という．量子力学においてもそのままの定義を踏襲したときこれを**軌道角運動量**という．量子力学ではこれ以外に自転に対応する角運動量が現れこれを**スピン角運動量**という．スピン角運動量は量子力学固有の物理量であるため，これを**固有角運動量**と呼ぶ場合もある．

ボーア半径　ボーアの理論では前述の仮定③により，定常状態では古典力学が適用できる．そこで，電子（質量 m）は陽子（質量 M）のまわりで半径 r の等速円運動を行うとする．陽子を中心とする相対運動を考えると，電子に働く向心力 $\mu v^2/r$（μ：換算質量）が陽子，電子の間のクーロン力の大きさに等しいので

$$\frac{\mu v^2}{r} = \frac{1}{4\pi\varepsilon_0}\frac{e^2}{r^2} \tag{3.10}$$

の関係が成り立つ．ただし，μ は

$$\frac{1}{\mu} = \frac{1}{m} + \frac{1}{M} \tag{3.11}$$

で定義される．相対運動の場合，(3.8) の l は $l = \mu r v$ と書けるから，量子条件は

$$\mu r v = n\hbar \tag{3.12}$$

と表され，(3.10) を使うと

$$r = \frac{4\pi\varepsilon_0 \hbar^2}{\mu e^2} n^2 \tag{3.13}$$

のようになる．(3.13) で特に $n = 1$，$\mu \simeq m$ の場合を**ボーア半径**といい，ふつう a と記す．すなわち

$$a = \frac{4\pi\varepsilon_0 \hbar^2}{m e^2} \tag{3.14}$$

とする．a は水素原子の半径を表す長さで

$$a = 0.529 \times 10^{-10}\,\mathrm{m} = 0.529\,\text{Å} \tag{3.15}$$

と計算される（例題 5）．定常状態では古典力学が適用できるとしたので，水素原子の力学的エネルギーは 1.4 節と同様に扱うことができる．

エネルギー準位　エネルギーは古典物理学では連続的であるが，ボーアの理論では量子条件のためこれは離散的となる．このような離散的なエネルギーの値を**エネルギー準位**という．陽子のまわりの相対運動を考えると，電子の運動エネルギーは $\mu v^2/2$，陽子，電子間の位置エネルギーは $-e^2/4\pi\varepsilon_0 r$ と表され，力学的エネルギー E は (3.10) を利用すると $E = -e^2/8\pi\varepsilon_0 r$ と計算される［結果は (1.21)（p.12）と同じ．1.4 節の議論で電子の質量 m を換算質量 μ で置き換えればよい］．あるいは (3.13) は $r = an^2(m/\mu)$ と書けるので，量子数 n に相当するエネルギー準位は次式で与えられる（図 **3.10**）．

$$E_n = -\frac{e^2}{8\pi\varepsilon_0 a n^2}\frac{\mu}{m} \tag{3.16}$$

3.4 ボーアの水素原子模型

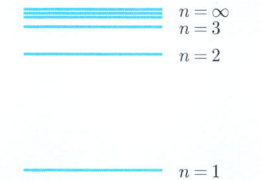

図 3.10 水素原子のエネルギー準位. $n=1$ がエネルギー最低の基底状態, $n \geq 2$ が励起状態を表す.

例題 5 $\hbar = 1.0546 \times 10^{-34}$ J·s, $e = 1.6022 \times 10^{-19}$ C, $m = 9.1094 \times 10^{-31}$ kg, $\varepsilon_0 = 8.8542 \times 10^{-12}$ C^2·N^{-1}·m^{-2} としてボーア半径 a を求めよ.

解 数値として国際単位系を使えば,結果も同じ単位系で表される.この点に注意すれば (3.14) により a は次のように計算される.

$$a = \frac{4 \times 3.1416 \times 8.8542 \times 10^{-12} \times (1.0546 \times 10^{-34})^2}{9.1094 \times 10^{-31} \times (1.6022 \times 10^{-19})^2} \text{ m} = 5.292 \times 10^{-11} \text{ m}$$
$$= 0.529 \text{ Å}$$

例題 6 $E_{n'} \to E_n$ の遷移の際放出される光子の波長は (3.4) (p.34) のように書けることを示し,R_H に対する表式を導け.

解 ボーアの振動数条件 (3.6) (p.36) に (3.16) を代入すると

$$h\nu = \frac{e^2}{8\pi\varepsilon_0 a} \frac{\mu}{m} \left(\frac{1}{n^2} - \frac{1}{n'^2} \right) \tag{1}$$

となる.$\nu = c/\lambda$ の関係が成り立つので (1) を利用すると R_H は次のように表される.

$$R_\mathrm{H} = \frac{e^2}{8\pi\varepsilon_0 ach} \frac{\mu}{m} \tag{2}$$

参考 R_∞ **の表式** 陽子の質量を ∞ とすれば $\mu = m$ とおける.このため (2) に (3.14) を代入し,$\hbar = h/2\pi$ を使うと

$$R_\infty = \frac{me^4}{8\varepsilon_0^2 ch^3} \tag{3}$$

となる.(3) に既知の物理定数を代入し $R_\infty = 1.0974 \times 10^7 \text{ m}^{-1}$ と計算される (演習問題 3).上記の R_∞ に対する結果は (3.2) (p.34) を四捨五入したものと一致する.

補足 R_∞ と R_H 陽子の質量は電子の 1840 倍なので $M = 1840\,m$ である.そのため (3.11) により $m/\mu = 1 + 1/1840 = 1.00054$ となり $R_\infty = R_\mathrm{H}(m/\mu) = 1.00054 R_\mathrm{H}$ が得られ (3.3) (p.34) が求まる.

3.5 前期量子論

前期量子論　ボーアの水素原子模型は古典物理学から量子力学への中継ぎという役割を果たしたが，現在ではそれを**前期量子論**という．現在の量子力学の立場から見ると，前期量子論は必ずしも満足すべき理論ではないが，歴史的な意味はともかくとして，この理論に含まれるいくつかの概念は現在でも生き残っている．例えば，エネルギー準位，基底状態，励起状態といった用語は現在でも使われる．前期量子論は古典力学に量子条件という一種の制限をつけた理論体系であるが，その量子条件を一般的に考えてみよう．

一般座標と一般運動量　力学では物体の位置を決めるのにふつう直交座標を使うが，一般的な座標を使う場合もありこれを**一般座標**という．質点の速度ベクトルを $\bm{v}$ とするとき，質点の質量 m を使い

$$\bm{p} = m\bm{v} \tag{3.17}$$

で定義される $\bm{p}$ を**運動量**という．(3.17) は直交座標に対する定義であるが，運動量の概念は一般化され，一般座標に対しても**一般運動量**が定義される．ただし，正確にはその定義には微分の概念を必要とするので詳細は右ページに論じる．一般座標 q_r に対してこれに共役な一般運動量 p_r が定義されるが，x に対して共役な運動量は p_x となるようにしてある．

位相空間と量子条件　一般座標と一般運動量から構成される空間を**位相空間**という．運動の自由度を f とすれば，一般座標の数は f でこれに共役な一般運動量の数も f である．このため位相空間の次元数は $2f$ となる．簡単のため，一次元の場合を考え，座標を q，運動量を p とする．この場合の位相空間は qp 面の平面で，便宜上これを位相空間と称する．周期的な運動あるいはこれに準ずる運動を考えると，質点の運動を表す曲線は qp 面上の閉じた閉曲線で記述される（図 3.11）．閉曲線で囲まれた領域（図の斜線部）の面積を S とすると，一般的な量子条件は次のように表される．

$$S = nh \quad (n = 0, 1, 2, \cdots) \tag{3.18}$$

(3.17) の例　例題 7 で示すように，一次元調和振動子の場合には (3.18) はアインシュタインの光子説と同じ結果を与える．また (3.18) から (3.8)（p.36）が得られる（演習問題 5）．したがって，(3.18) は水素原子に対する量子条件を一般化したものであることがわかる．この他，(3.18) の応用例については演習問題 6 で論じる．

3.5 前期量子論

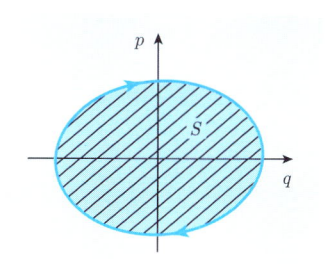

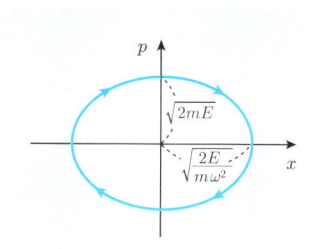

図 3.11 位相空間における閉曲線　　**図 3.12** xp 面上の一次元調和振動子

例題 7　一直線（x 軸）上で原点 O を中心として質点（質量 m）が角振動数 ω で単振動している．すなわち，**一次元調和振動子**の問題を考える．(3.18) を利用してエネルギー準位を求めよ．また，アインシュタインの光子説との関係を論じよ．

解　この例題では一般座標を表すのに q の代わりに x という記号を使う．力学的エネルギーを E とすれば，E は

$$E = \frac{p^2}{2m} + \frac{m\omega^2 x^2}{2} \tag{1}$$

と表される．エネルギー保存則により E は定数である．よって

$$\frac{p^2}{2mE} + \frac{x^2}{2E/m\omega^2} = 1 \tag{2}$$

が成り立ち，この関係は図 3.12 のような楕円で表され，その面積 S は

$$S = \pi\sqrt{2mE}\sqrt{\frac{2E}{m\omega^2}} = 2\pi\frac{E}{\omega} \tag{3}$$

である．(3.18) により S は nh に等しいから量子数 n に相当するエネルギー準位は

$$E_n = n\hbar\omega \quad (n = 0, 1, 2, \cdots) \tag{4}$$

となる．$p > 0$ であると x は増加，$p < 0$ であると x は減少し軌道の向きは図 3.12 のようになる，$\hbar\omega = h\nu$ が成り立つので (4) はアインシュタインの光子説を表す．

参考　**一般運動量**　簡単のため，1 次元的な運動を想定しその一般座標を q とする．$\dot{q} = dq/dt$ と定義すれば，一般に運動エネルギー K は $q, \dot{q}$ の関数である．位置エネルギー U は通常 q の関数であるが $L = K - U$ の L を**ラグランジアン**といい，また

$$p = \frac{\partial L}{\partial \dot{q}} \tag{5}$$

の p を q に共役な**一般運動量**という．直交座標では $p_x = m\dot{x}$ となり，通常の定義と一致する．一般に，位置ベクトル $\boldsymbol{r}$ に対する一般運動量は $\boldsymbol{p}$ となる．

演習問題 第3章

1. 燃料電池の起電力を V とする．電気素量（電子の電気量の大きさ）を e とするとき，電池の陽極から陰極へと電子を運ぶのに必要なエネルギーは eV と表されることを示せ．

2. 水素原子の出す光（電磁波）が，一般に (3.4)（p.34）で与えられるとする．水素原子が放出し得る波長最短の電磁波は何 m か．また，この電磁波は図 2.3（p.20）でどの分類に属しているか．

3. (3)（p.39）で
$$m = 9.1094 \times 10^{-31}\,\mathrm{kg}, \quad e = 1.6022 \times 10^{-19}\,\mathrm{C}$$
$$\varepsilon_0 = 8.8542 \times 10^{-12}\,\mathrm{C^2 \cdot N^{-1} \cdot m^{-2}}$$
$$c = 2.9979 \times 10^8\,\mathrm{m \cdot s^{-1}}, \quad h = 6.6261 \times 10^{-34}\,\mathrm{J \cdot s}$$
の数値を代入し R_∞ を計算せよ．

4. 基底状態にある水素原子から電子をはがし，それを無限遠にもち去るため，すなわち水素原子をイオン化するのに必要なエネルギーを eV の単位で求めよ．このエネルギーを**電離エネルギー**という．

5. 電子が陽子を中心として半径 r の等速円運動をしている場合，(3.18)（p.40）の量子条件は (3.8)（p.36）に帰着することを示せ．

6. 一直線（x 軸）上，$x = 0$ と $x = L$ に存在する固い壁の間で運動する質量 m の質点がある（図 3.13）．質点には壁との衝突以外に外力が働かないとし，壁との衝突は完全に弾性的で滑らかとする．すなわち，衝突の際，速度の向きは逆転しその大きさは変わらないとする．その結果，xp 面上での質点の軌道は図 3.14 のように表される．この体系のエネルギー準位を求めよ．

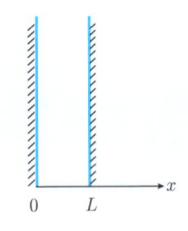

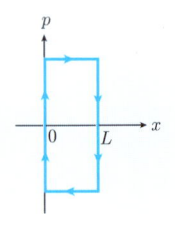

図 3.13 壁の間の質点　　図 3.14 xp 面上での質点の軌道

第4章

古典的な波動

　海岸に打ち寄せる波は典型的な波動現象である．日本人なら誰でもが芭蕉の名句「古池や蛙飛び込む水の音」を知っているであろう．蛙が池に飛び込んだ後，水面上を広がっていく水面波の様子を上記の俳句はよく表現している．量子力学では 2.4 節で述べたようにド・ブロイ波という，一種の波が出現する．波は日常生活と密接に結び付いているが，その数学的な表現について本章では学ぶ．ただし，この章では話を古典的な波動に限定することにする．波動の典型的な性質である反射，屈折，干渉，回折などについて触れる．音声や楽器の生じる音波は古典的な波動の一例だが，本章では音に関連したいくつかの事項について論じる．量子力学では特有な波動現象が現れるが，波動に慣れるという意味で，直観的に理解できる古典的な波を中心にして話を進める．

本章の内容
- 4.1　波動の基礎概念
- 4.2　波を表す方程式
- 4.3　波 の 性 質
- 4.4　音　　波
- 4.5　定　常　波

4.1 波動の基礎概念

進行波　池の水面に小石を投げると，小石の落ちた点を中心として水面は上下に変化し凹凸の状態になって，この変位は一定の速さで周辺に伝わっていく（図 4.1）．このようにある物理量（**波動量**）が1つの場所から次々と周囲に伝わっていく現象を**波動**あるいは**波**という．波動の伝わる速さ v を**波の速さ**，波動を伝える物質（上の例では池の水）を**媒質**という．また，ある方向に進む波は**進行波**と呼ばれる．波動は波動量が伝わっていく現象で，必ずしもある物体が伝わっていくものではない．上の水面波の例では，水面に浮かんだ木の葉が上下に振動し，この振動状態が波として伝わっていき，水自身が波動として動いていくのではない．一般に，波動量として何を選ぶかは注目する現象に依存する．上記の水面波では水面の各点における平均水準面からの上下方向の変位を波動量と考えればよい．

縦波，横波　図 4.2(a) のように滑らかな床の上にある長いばねの一端を固定し，他端を図のように振動させると，その振動状態は波動として，ばねの上を伝わっていく．この場合，振動方向と波の進行方向とは平行であり，このような波を**縦波**という．一方，水平面上の長い綱の一端を固定し，他端を左右に振らすと，変位は波の形で伝わるが［図 4.2(b)］，振動方向と波の進行方向とは垂直である．この種の波を**横波**という．

波動の例　音波，電磁波，地震波，…　というように波の字のついた物理現象にはいろいろなものが存在する．これらはいずれも波動である（表 4.1）．光は電磁波の一種でその伝わる速さは1秒間に地球を7回半回るような高速である．光の関する学問は**光学**と呼ばれる．地震波は地球を伝わる音波であると考えられるが，この場合，縦波と横波の2種類があり，縦波の伝わる速さは横波のそれより大きい．このため，地震が発生すると最初縦波の振動を感じるが，引き続き横波の振動が到着する．災害をもたらすのは横波の方である．

表 4.1　波動の例

	波動量	媒質	縦波か横波か
水面波	水準面からの変位	水	横波
空気中の音波	空気の密度	空気	縦波
電磁波	電気ベクトル・磁気ベクトル	真空	横波
地震波	密度・変位	地球	縦波・横波

4.1 波動の基礎概念

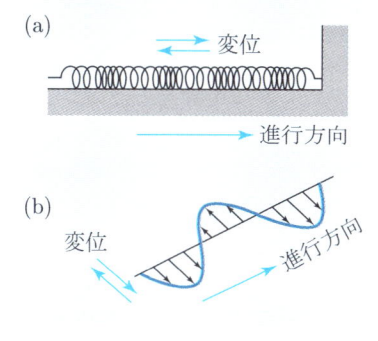

図 4.1 水面波

図 4.2 縦波, 横波

――― **物理教育**と**波動** ―――

　昭和 22 年（1947 年）に第一高等学校に入学した．4 修という制度のおかげで旧制の高等学校に滑り込むことができた．教育制度が旧制から新制に移行するに従いこの制度も廃止されたが，教育上の特別措置として高等学校の 2 年生から大学受験を認める場合がある．ちなみに，著者の年代は旧制度の教育を受けた最後で，一学年下の人達は新制度の教育を受けることとなった．高校 2 年のときに，故人となられた金沢秀夫先生に物理を習った．先生の講義は迫力にあふれ，正に口八丁手八丁といった感じで，数式が次から次へと黒板に並びノートをとるのが精いっぱいであった．授業中には先生の話されることが半分ぐらいしか理解できなかったが，それでも物理のもつ魅力がなんとなく身に伝わってくるようであった．いまでも強く印象に残っているのは波動方程式の話をきいたときのことである．
　中学校の頃には，実験の話は大好きだが，物理に理論があるとは知らなかった．ましてや将来理論物理学者になろうとは夢にも思わなかった．第二次世界大戦が終結した中学 3 年のとき横浜市鶴見区に住んでいたが，隣家に 1 年年長で県立中学の秀才が住んでいた．あるとき，自分は物理が大好きで，中でも円運動の場合にベクトルが向きを変え，加速度が円の中心を向くのは大変面白いといった話をしてくれた．私にとっては何の話かさっぱりわからず，この人は自分と違った世界に住んでいるに違いない，と思ったほどだった．なにしろ，終戦より 1 年前位から，勤労動員とやらで，風船爆弾を作ったり，空襲の焼け跡整理をしたりでろくな勉強をしなかった．嫌いな英語や漢文の授業はないし，火薬で遊んだり，トランスやモーターを作ったりで物理や化学の実験を乏しい物資の中で思う存分楽しむことができた．それだけに隣家の秀才の話はショッキングであった．それから数年後，この秀才は私にとり旧制高校の 1 年先輩となったが，高校以後，彼との交流はたえてなかった．しかし，名簿によると，彼は某社の社長になったようである．当時，波は伝わるのが当たり前でそれが数式で表されるとは夢想だにしなかった．ところが，金沢先生の授業で波の伝わりが偏微分方程式で記述されるのを学び，なにか見事なマジックを見ているようですっかり感激してしまった．本書は微積分の知識がない人のための教科書だが，マジックの雰囲気は次節の記事から察してほしい．

4.2 波を表す方程式

波形　一直線（x 軸）上を正の向きに v の速さで進む進行波を考える．波動量を u とすれば，u は座標 x と時刻 t の関数となるので，これを

$$u = u(x,t) \tag{4.1}$$

と書く．特に時刻ゼロ（$t=0$）のとき，波動量 u は $u(x,0)$ で与えられるが，これは x だけの関数なので

$$u(x,0) = f(x) \tag{4.2}$$

と表す．横波の場合，この曲線は実際の波の形を記述するのでそれを**波形**という．現実には，時間がたつにつれ波形は崩れるが，ここでは波形は一定の形を保つものと仮定する．x を横軸に，u を縦軸にとって u を x の関数として図示したとき，(4.2) の関係が図 4.3 の実線で表されるとする．ここでは，古典的な波を考慮しているので波動量 u は実数である．

$u(x,t)$ の表式　正の向きに進む波を考えているから，時間がたつにつれ図 4.3 の実線はその形を変えずに右側に移動する．時刻 t における波動量は図のように実線を vt だけ右側へ動かした点線のように表される．x 軸上の任意の座標 x をとり，図のような座標 x' を考えると $x' = x - vt$ が成り立つ．x での点線の u 座標は x' での実線の u 座標に等しい．すなわち，x における u 座標は $f(x') = f(x - vt)$ と同じである．これから点線を表す関数 $u(x,t)$ は

$$u(x,t) = f(x - vt) \tag{4.3}$$

で与えられることがわかる．同様に，x 軸上を負に向きに進む波の場合には，$t=0$ で $u = g(x)$ とすれば

$$u(x,t) = g(x + vt) \tag{4.4}$$

と書ける．一般には $u(x,t)$ は (4.3) と (4.4) の和で次式のように表される．

$$u(x,t) = f(x - vt) + g(x + vt) \tag{4.5}$$

正弦波　(4.2) の $f(x)$ が図 4.4 のような三角関数で与えられる場合，この波を**正弦波**という．普通，波といえばこの正弦波を指す．正弦波の 1 つの山から次の山までの距離，あるいは 1 つの谷から次の谷までの距離が**波長** λ である．正弦波の波動量は，振幅を r，角振動数を ω とすれば，次式で与えられる．

$$u = r \sin \omega \left(t - \frac{x}{v} \right) \tag{4.6}$$

4.2 波を表す方程式

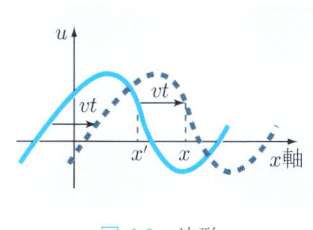

図 4.3 波形

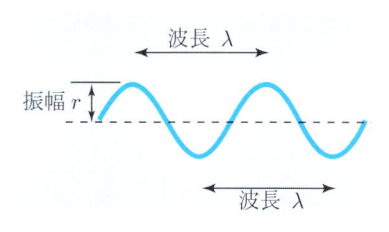

図 4.4 正弦波

参考 **微分と偏微分** u が変数 t の関数として $u = f(x)$ で与えられるとする．t が微小量 Δt だけ増加したときの u の増加分を Δu とする．すなわち

$$\Delta u = u(t + \Delta t) - u(t) \tag{1}$$

とおく．ここで Δt が 0 に近づく極限をとり

$$\frac{du}{dt} = \lim_{\Delta t \to 0} \frac{\Delta u}{\Delta t} = \lim_{\Delta t \to 0} \frac{u(t + \Delta t) - u(t)}{\Delta t} \tag{2}$$

として du/dt を定義する．数学では (2) を**微係数**という．また以上の操作を u を t に関して**微分**するという．微分という概念は高次に拡張できる．例えば，du/dt は t の関数だがこれを t に関して微分することができる．その結果を

$$\frac{d}{dt}\left(\frac{du}{dt}\right) = \frac{d^2u}{dt^2} \tag{3}$$

と書き，これを u の t に関する **2 回微分**という．同様に，高次微分を導入することができる．t が実際の時間の場合

$$\dot{u} = \frac{du}{dt} \tag{4}$$

とおき，ニュートンの記号 $\dot{u}$ を導入する．p.41 の (5) の $\dot{q}$ はこの記号を使った．

波動の場合，(4.1) からわかるように，独立な変数は x および t で 2 変数の場合となり，数学的な扱いは 1 変数と比べ複雑となる．x を固定しておき t で微分することを**偏微分**といい，t に関する u の偏微分を

$$\frac{\partial u}{\partial t}$$

と書く．同様に，$\partial u/\partial x$ とか高次微分が定義される．また，t で偏微分しその後 x で偏微分することを

$$\frac{\partial^2 u}{\partial x \partial t}$$

とするが，$\dfrac{\partial^2}{\partial x \partial t} = \dfrac{\partial^2}{\partial t \partial x}$ であることが知られている．

補足 **波動の複素数表現** 量子力学な波の場合には，波動量に相当する量は一般に複素数となる．古典的な波の場合でも複素数の波を考えることがあるが，これはあくまで数学的な手段である．

波動方程式　速さ v で伝わる波は 1 つの方程式で記述され，これを**波動方程式**という．波動方程式は偏微分方程式として表されるが，この方面の初学者は微分の箇所を飛ばしてもよい．それでも全体の理解には差し支えない．一直線（x 軸）を v の速さで伝わる波は

$$\frac{\partial^2 u}{\partial t^2} = v^2 \frac{\partial^2 u}{\partial x^2} \tag{4.7}$$

で表される．(4.3)～(4.5) は上式を満たすことがわかり，いいかえると，これらは方程式の解である．一般に，u_1, u_2 が方程式の解であれば $u_1 + u_2$ も方程式の解となる．これを**波の重ね合わせの原理**といい，$u_1 + u_2$ を**合成波**という．また，このような原理が成立するとき元の方程式を**線形**という．波動の振幅が小さいとき線形の範囲内で物理現象を十分説明できる．しかし，振幅が大きくなると非線形効果がきいてくる．

波の基本式　(4.6) (p.46) の u で $x = $ 一定　をすれば $u = r\sin(\omega t + \alpha)$ となり，u は振幅 r，角振動数 ω の単振動として記述される．振動数 f を導入すると $\omega = 2\pi f$ と書けるが，1 回振動が起こると波は波長 λ だけ進む．単位時間の間に f 回振動するのでその間に波は λf だけ進みこれは波の速さ v に等しくなる．したがって次の関係

$$v = \lambda f \tag{4.8}$$

が成立する．(4.8) を**波の基本式**という．

複素数表示　複素数 z を実数部分 x と虚数部分 y で表し

$$z = x + iy \tag{4.9}$$

とおく．ただし，(4.9) で i は $i^2 = -1$ の**虚数単位**である．一般に，物理量を複素数で表す方法を**複素数表示**という．また，(4.9) を $x = \mathrm{Re}\, z$, $y = \mathrm{Im}\, z$ と表す．(4.8) を使うと (4.6) で

$$\frac{\omega}{v} = \frac{2\pi f}{v} = \frac{2\pi}{\lambda} - k \tag{4.10}$$

となる．上のように定義された k を**波数**（はすう）という．(4.10) を利用すると (4.6) は

$$u = r\sin(\omega t - kx) \tag{4.11}$$

と書ける．あるいはオイラーの公式（演習問題 2, p.14）に注意すると

$$u = r\,\mathrm{Im}\, e^{i(\omega t - kx)} \tag{4.12}$$

とおける．複素数表示では，物理量自身が複素数ではなく，実数部分，あるいは虚数部分が物理的な意味をもつ．この点は，量子力学と基本的に違う．

4.2 波を表す方程式

参考) 平面波 波は波源を中心に球面状に広がっていく。波源から十分離れたところでは波は平面的に進むと考えてよい。このような波を**平面波**という。波動量は一般にベクトルでこれを $\boldsymbol{u}$、振幅を $\boldsymbol{u}_0$ とする。(4.12)で便宜上指数関数の肩の符号を逆転し複素数表示を使うと、このような平面波は

$$\boldsymbol{u} = \boldsymbol{u}_0 e^{i(\boldsymbol{k}\cdot\boldsymbol{r}-\omega t)} \tag{1}$$

と表される。ただし、(1)で $\boldsymbol{k}, \boldsymbol{r}$ はベクトルで $\boldsymbol{r}$ は位置ベクトルである。波の進行方向と一致し(4.10)と同じ大きさをもつベクトルを導入し、これを**波数ベクトル**と呼び $\boldsymbol{k}$ の記号で示す。(4.12)と(1)で指数関数の肩の符号が違っているのは量子力学の記号を使うためである。演習問題1で示すように、考えている波動が縦波か、横波かは $\boldsymbol{k}$ と $\boldsymbol{u}_0$ と位置関係に依存している。図 4.5 のように $\boldsymbol{r}$ を通り $\boldsymbol{k}$ に垂直な平面をとり、原点 O からこの平面に下ろした垂線の足を P とする。図のように O から P に向かうように x' 軸をとり、P の座標を x' とすれば

$$\boldsymbol{k}\cdot\boldsymbol{r} - \omega t = kx' - \omega t \tag{2}$$

と表されるので、(1)の時間、空間依存性は(4.11)と一致することがわかる。

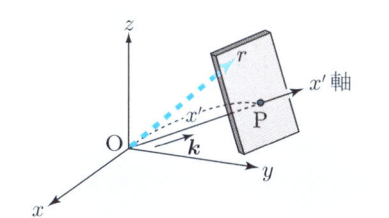

$\boldsymbol{k}\cdot\boldsymbol{r} = kx'$ と書け、P を通り x' 軸と垂直な平面上で $\boldsymbol{k}\cdot\boldsymbol{r} =$ 一定 となる。

図 4.5 平面波

例題 1 振幅 6 cm、振動数 30 Hz、波長 24 cm の正弦波が x の正方向に進行している。時間 t がゼロのとき、原点の変位 u は 3 cm であるとし、この正弦波を表す方程式を導け。

解 単振動の初期位相 α に相当する φ を導入し、$\omega = 2\pi f$、$\omega/v = 2\pi/\lambda$ を利用すると (4.6) (p.46) は

$$u = r\sin\left[2\pi\left(ft - \frac{x}{\lambda}\right) + \varphi\right]$$

と書ける。上式で $t=0, x=0, r=6, u=3$ とおき $\sin\varphi = 1/2$ となる。これから $\varphi = \pi/6$ と求まる。よって、u, x に cm 単位を用い、u は次式のように求まる。

$$u = 6\sin\left[2\pi\left(30t - \frac{x}{24}\right) + \frac{\pi}{6}\right]$$

4.3 波の性質

位相 (4.11)(p.48)の $(\omega t - kx)$ を**位相**という．正弦波の場合，位相が決まれば波動量も決まるので，波のある瞬間の状態を記述するのに，位相で表すこともできる．位相が同じときには，波動量も同じであると考えてよい．例えば，位相が 0 のときそれに対応する波動量も 0 である．位相という概念は波の干渉を論ずる際，重要な役割を演じる．正弦波は sin (位相) という形をもつが，位相が $\pi/2$ のところは波動量が最大となりそこは波の山に対応する．一方，位相が $-\pi/2$ のときは波の谷に相当する．位相が $\pm\pi/2$ のときに振動が激しくなりその場所を**腹**という．位相が 0 または π のときには波動量は 0 となり，そこを**節**という．

波面と射線 三次元空間を伝わる波の場合，時間を固定したとき，同位相の点をつないだ面を**波面**という．時間の経過に伴い，波面は波の速度で空間中を広がる（例題 2）．波の進行方向は波面に垂直で，波の進路を表す線を**射線**（光のときには**光線**）という．図 **4.6** に波の山を記述する波面をとったとし，一般の波の波面と射線を示す．

反射・屈折の法則 平面を境界面として 2 種類の媒質 1 と媒質 2 とが接しているとする（図 **4.7**）．ある方向から波が入射するとし，図の AO は入射波の射線を表すとする．入射波の一部分は OB のように反射され，残りの部分は OC のように屈折して進む．点 O における境界面への法線と入射射線とのなす角を**入射角**，反射射線と法線とのなす角を**反射角**，屈折射線と法線とのなす角を**屈折角**という．以下，入射角，反射角，屈折角をそれぞれ θ, θ', φ で表すと

$$\theta = \theta' \tag{4.13}$$

となる．これを**反射の法則**という．また，媒質 1, 2 中を伝わるの波の速さを v_1, v_2 とすれば次の**屈折の法則**が成り立つ．

$$\frac{\sin\theta}{\sin\varphi} = \frac{v_1}{v_2} \tag{4.14}$$

ホイヘンスの原理 一様な媒質中の 1 点 O から出た波は O を中心として球面状に広がっていく．このような波を**球面波**という．一般に波が伝わるとき，波面上の各点から到達した波と同じ振動数と速さをもつ 2 次的な球面波ができるとし，それらを合成すると次の波面を求めることができる．あるいは，例題 3，図 **4.8** で学ぶように，波の進む前方でこれらの球面波に共通に接する面が次の波面となる．これを**ホイヘンスの原理**という．また，波面上の各点から出ると考えられる球面波を **2 次波**（あるいは**素元波**，**要素波**）という．

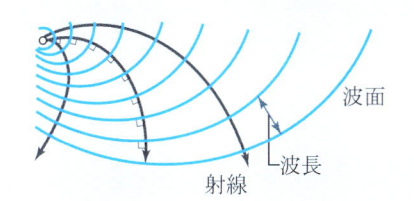

4.3 波の性質

図 4.6　一般の波の波面と射線

例題 2　(4.6)（p.46）で論じた正弦波の山が速さ v で伝わることを示せ．また，(4.3) あるいは (4.4) で表される波の場合はどうか．

解　(4.6) で $\omega(t - x/v) = \pi/2$ は波の山を与える．したがって，この関係の微小変化をとると $\Delta x/\Delta t = v$ となり，山の速さは v であることがわかる．(4.3) で記述される $f(x - vt)$ では $x - vt =$ 一定 だと波動量も一定となり，上と同様伝わる速さは v となる．同様に $g(x + vt)$ は x の負方向に速さ v で進む波を表す．

例題 3　平面波が伝わる様子とホイヘンスの原理との関係について論じよ．

解　時刻 0 で図 4.8 のような平面波の波面 AB があるとする．この場合，媒質が一様であれば，波の進む向きは AB と垂直である．波の速さを v とすれば時刻 0 から時間 t だけたった後の波面は図の A′B′ のようになる．この波面上の各点から 2 次波が出るが，時間 Δt 後には図のような $v\Delta t$ を半径とする球面波が無数にできる．ここで図に示した点 P をとると，この点に達する 2 次波のあるものは正，あるものは負の波動量を与え，これらを重ね合わせると結局は打ち消し合うと考えられる．このような打ち消し合いが起こらないのは，すべての 2 次波と共通に接する A″B″ で，これが時刻 $t + \Delta t$ における波面となる．このようにして，ホイヘンスの原理から平面波の伝わる様子を理解することができる．

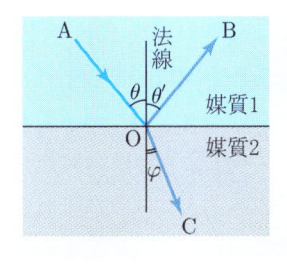

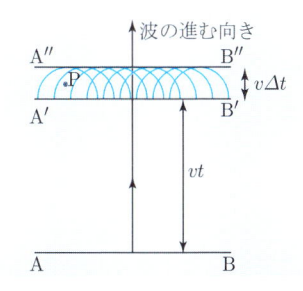

図 4.7　波の反射と屈折　　図 4.8　平面波とホイヘンスの原理

干渉　媒質中に 2 つの波が同時に伝わるときそれぞれの波の波動量を u_1, u_2 とすれば，波の重ね合わせの原理により，合成波の波動量 u は $u = u_1 + u_2$ と書ける．2 つの波を合成したとき，山と山が重なると u は大きくなるし山と谷が重なると u は小さくなる．このように 2 つの波が重なり合って，強め合ったり，弱め合ったりする現象を干渉という．干渉は波の示す重要な現象の 1 つである．

干渉に対する条件　波を出す原因になるものを波源という．図 4.9 に示すように波源 S_1 から出る波 (a) とまったく同じ波源 S_2 から出る波 (b) を点 P で観測すると，例えば $PS_1 - PS_2 = \lambda$ であれば 2 つの波 (a), (b) の山と山が重なり，合成波の振幅は元の波の 2 倍となって合成波は強くなる．これを拡張し，一般に

$$PS_1 - PS_2 = 0, \pm\lambda, \pm 2\lambda, \cdots \tag{4.15a}$$

のとき，合成波は強くその振幅は元の 2 倍となる．一方，$PS_1 - PS_2$ が $\lambda/2$ の奇数倍だと山と谷が重なり合い合成波の振幅は 0 となる．この条件は

$$PS_1 - PS_2 = \pm\frac{\lambda}{2}, \pm\frac{3\lambda}{2}, \pm\frac{5\lambda}{2}, \cdots \tag{4.15b}$$

と表される．実際，数式を利用し (4.15a),(4.15b) の条件が導かれる（例題 4）．

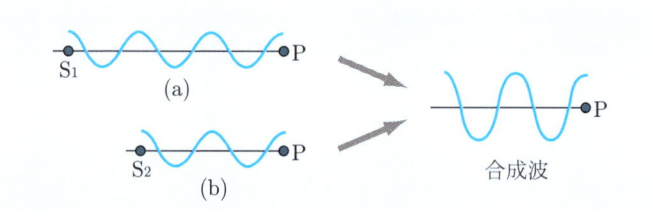

図 4.9　干渉の条件

回折　波が障害物でさえぎられたとき，波がその障害物の陰に達する現象を回折という．水面波による回折の例を図 4.10 に示す．これからわかるように，隙間に対して波長が大きいほど，回折の効果は顕著になる．一般に，波長が障害物の大きさと同程度か，それより大きいとき，回折が起こりやすい．通常の音波の波長は 4.4 節で学ぶように数 m 程度で身近な物体と同程度の大きさなため回折がよく起こる．このため音波をシャットアウトするのは容易でなく騒音対策は難しいのである．一方，波長が障害物の大きさよりはるかに小さいときには回折は起こらない．光の波長は 10^{-6} m の程度なので，通常の物体の大きさよりずっと小さいため回折は起こらず光は直進すると考えてよい．

4.3 波 の 性 質

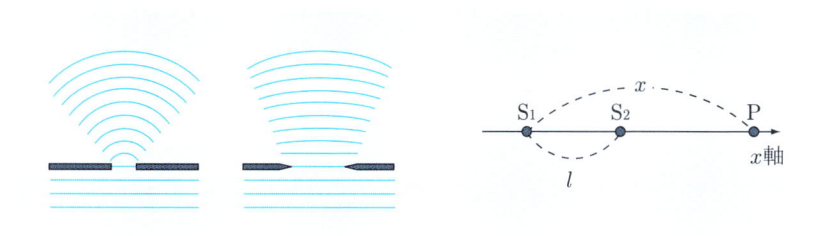

図 4.10 水面波の回折

図 4.11 S_1, S_2 から出る波

例題 4 x 軸上の S_1, S_2 から発する 2 つの正弦波（図 4.11 参照）を合成し，(4.15a), (4.15b) の条件を確かめよ．

解 x 軸上の波源 S_1 から出る正弦波の波動量が

$$u_1 = r \sin\left[2\pi\left(ft - \frac{x}{\lambda}\right)\right] \qquad (1)$$

と表されるとする．これと全く同じ波源が S_2 にあるとし，$S_1 S_2 = l$ とおき，波動量を u_2 とする．S_2 から見ると点 P の座標は $x - l$ であり，u_2 は

$$u_2 = r \sin\left[2\pi\left(ft - \frac{x-l}{\lambda}\right)\right] \qquad (2)$$

と書ける．三角関数の公式

$$\sin A + \sin B = 2 \sin\frac{A+B}{2} \cos\frac{A-B}{2}$$

を用いると，(1), (2) から $\cos(-x) = \cos x$ に注意し合成波 $u = u_1 + u_2$ は

$$u = 2r \cos\frac{\pi l}{\lambda} \sin 2\pi\left[\left(ft - \frac{x - l/2}{\lambda}\right)\right] \qquad (3)$$

となる．x を固定したとき，(3) を t の関数として見れば，$2r\cos(\pi l/\lambda)$ の振幅をもつ振動数 f の単振動の式である．したがって，このことから

$$\frac{\pi l}{\lambda} = 0, \pm\pi, \pm 2\pi, \cdots$$

のとき合成波は強くなり

$$\frac{\pi l}{\lambda} = \pm\frac{1}{2}\pi, \pm\frac{3}{2}\pi, \pm\frac{5}{2}\pi, \cdots$$

のときは合成波は弱くなって，$PS_1 - PS_2 = l$ であることを使えば (4.15a), (4.15b) の条件が得られる．なお，この条件は図 4.11 から直観的に理解できる．

4.4 音 波

音波　音は物体が振動するとき，そのまわりの空気の密度が大きくなったり，小さくなったりするために空気中を広がる縦波である．この波を**音波**という．音は空気中だけでなく，水中あるいは固体中でも伝わる．気体，液体を総称して**流体**というが，流体中では縦波だけの音波が伝わる．これに反し，固体中では縦波と横波の両方の音波が可能である．地震波は地球中を伝播する音波ということができる．

横波による縦波の表現　空気中を伝わる音波は縦波で，空気の振動方向は波の進行方向と平行になる．このような縦波を表現する場合，波の進行方向への空気の変位を +，反対向きの変位を − とし，空気の変位を横波のように表現することができる．図 4.12 はこのような方法で空気の振動を図示したもので，これを**横波による縦波の表現**という．図からわかるように，音波の進行に伴い，空気の粗な部分と密な部分が生じるのでこの波を**粗密波**という．音源があるとそれを中心として，このような粗密波が四方八方に広がっていく．

音波の速さ（音速）　空気中の音速は気温により違う．$t\,°C$ における音速 v は

$$v = (331.5 + 0.6\,t)\,\mathrm{m \cdot s^{-1}} \tag{4.16}$$

と表される．通常の計算では $t = 15\,°C$ ととり $v = 340\,\mathrm{m \cdot s^{-1}}$ としてよい．空気が振動するとき，熱の出入りする余裕がないため，状態変化は断熱変化で記述される．

デシベル　音の大きさは振動の振幅と関係し，振幅の大きいほど音も大きくなる．音の大きさは音の強さ I で記述され，これは音の進行方向と垂直な単位面積の面を単位時間当たりに通過する音のエネルギーと定義される．その国際単位系での単位は $\mathrm{W \cdot m^{-2}}$ である．人間の耳に聞こえる最小の音の強さ I_0 は $I_0 = 10^{-12}\,\mathrm{W \cdot m^{-2}}$ と測定されている（これを**聴覚のしきい値**という）．常用対数を $\log$ の記号で示したとき，音の強さを $\log(I/I_0)$ という量で表すことができる．この量の単位は電話の発明者ベルにちなんでベルと呼ばれる．通常はベルの 1/10 の単位を使いこれを**デシベル**（**db**）という．単位が 1/10 になったので，数値は 10 倍となる．すなわち，音の大きさは

$$10 \log \frac{I}{I_0}\,\mathrm{dB} \tag{4.17}$$

と書ける．聴覚のしきい値では 0 dB，静かな図書館では 40 dB，市内交通では 70 dB，ジェット機の離陸の際には 140 dB となる．

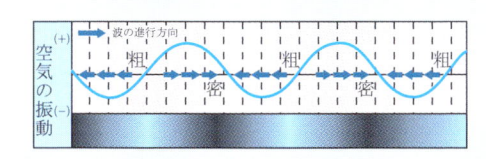

図 4.12　横波による縦波の表現 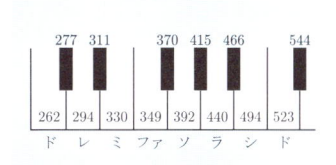　　　　図 4.13　平均律による振動数
　　　　　　　　　　　　　　　　　　　　　　　（単位は Hz）

参考）楽音と騒音　音には音叉や楽器が生じる**楽音**と騒々しくやかましい**騒音**とがある．両者の違いは音色の差でこれについては下の補足で述べる．楽音は正弦波に近い波形をもち，特に音叉の発する音は正弦波である．ドレミファソラシドという音階は身近な楽音である．近代音楽の祖と呼ばれるドイツの作曲家バッハは，1 オクターブの間を 12 個の半音に等分する**平均律**を採用した．ピアノの中央のドから始まる音階のラの振動数を現在 440 Hz と決めている．ちなみに 1 Hz とは国際単位系での振動数の単位で 1 s 当たり 1 回の振動を意味する．平均律では振動数を図 4.13 のようにする．ただし，小数点以下は四捨五入した．この図で 1 つの鍵盤からすぐ右の鍵盤に移ると振動数は $2^{1/12}$ 倍 $= 1.05946\cdots$ 倍となる．1 オクターブ上がると振動数は倍となり，12 個の半音に等分するため $2^{1/12}$ という数が現れた．平均律はあらゆる転調を可能にするため大変便利であり，近代音楽の発展の元となった．交響楽，唱歌，ジャズ，歌謡曲などはいずれも平均律に基づき作曲されている．普段はあまり気にならないが，これらの音楽はすべてバッハの平均律に基づく．

参考）音の三要素　音の性質として基本的なものは，**高さ**，**大きさ**，**音色**の 3 つでこれを**音の三要素**という．高さは振動数に依存し，振動数の大きい音ほど高い音になる．ピアノの中央のドの音の振動数は図 4.13 からわかるように 262 Hz であるが，その波長は $(340/262)$ m $= 1.3$ m と計算される．1 オクターブ上のドでは振動数が倍となるので波長は半分の 0.65 m，逆に 1 オクターブ下のドに対しては 2.6 m となる．このことから通常の音波の波長は m 程度であることがわかる．人間の耳に聴こえる音の振動数は，およそ 16 Hz～20 kHz で，これより振動数が大きい音波は**超音波**と呼ばれる．超音波は医療などの分野で利用されている．

補足）音色　音色は波形に対応していて，図 4.14 にいくつかの楽器の波形を示す．このような図形は音の振動を電気信号に変え，それをブラウン管上に表示すれば観測される．楽器により波形の違う理由については 4.5 節で述べる．

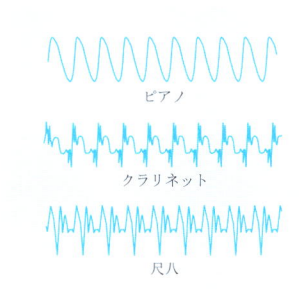

図 4.14　楽器の波形

4.5 定常波

弦の横振動　進行波に対し，空間を進まない波を**定常波**または**定在波**という．バイオリンやギターの発する音は定常波の一例である．一般に太さの一定な針金あるいは糸に張力を加え両端を固定したものを**弦**という．弦を弾くと，両端が節となるような横波の定常波ができる．これを**弦の横振動**という．弦の長さを L とし，弦に沿って x 軸をとり，一方の端を $x=0$ と選べば，すべての時刻 t に対し波動量 u は

$$u = 0 \quad (x=0, x=L) \tag{4.18}$$

を満たさねばならない．$x=0, x=L$ を**固定端**という．

固有振動　上記の (4.18) の条件を満たす定常波の波動量は

$$u_n = r_n \sin \frac{n\pi x}{L} \sin(\omega_n t + \alpha_n) \tag{4.19}$$

と表される．n は $n=1,2,3,\cdots$ で，(4.19) はすべての t に対し (4.18) を満たす．x を固定したとき u は単振動を行うが，振幅 r，角振動数 ω，初期位相 α は n に依存し，$\omega_n = n\pi v/L$ である．ここで v は弦を伝わる音波の速さを意味する．(4.18) のような振動を**固有振動**という．図 4.15 に示すように，$n=1,2,3$ に対応する固有振動をそれぞれ**基本振動**，**2倍振動**，**3倍振動**という．このような振動でもっとも大きく振動するところは腹，つねに静止しているところは節である．

気柱の縦振動　適当な方法で管内の空気を振動させると，管内に空気の縦波が発生する．これを**気柱の縦振動**という．フルート，尺八などは気柱の縦振動を利用した楽器である．この場合，管内に口で空気を吹きこんで振動を起こす．

閉管　一端を閉じ，他端を開いた管を**閉管**という．この場合には，閉じた端はふさがっているので，そこでは振動は起こらず，よって閉端は振動の節となる．一方，開いた端は振動の腹となる．したがって，管の長さを L とすれば，もっとも振動数の小さい振動は図 4.16 に示したようになり，基本振動の波長 λ_1 は $\lambda_1 = 4L$ と書ける．このため，気柱の音速を v とすれば，基本振動の振動数 f_1 は

$$f_1 = \frac{v}{\lambda_1} = \frac{v}{4L} \tag{4.20}$$

で与えられる．一般に n 個の節のある振動の振動数 f_n は

$$f_n = \frac{v}{4L}(2n-1) \quad (n=1,2,3,\cdots) \tag{4.21}$$

となる (例題 5)．$n=2,3$ に対応する振動を 3 倍振動，5 倍振動という (図 4.16)．

基本振動

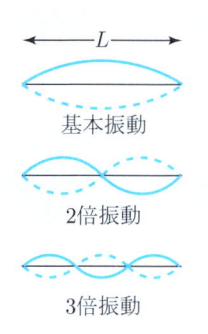

2倍振動

3倍振動

図 4.15 弦の固有振動

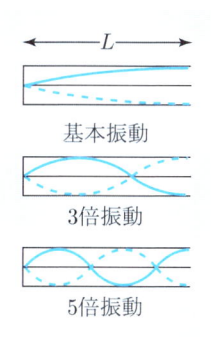

基本振動

3倍振動

5倍振動

図 4.16 閉管中の振動

例題 5 閉管の固有振動で n 個の節がある場合を考える．この振動数は (4.21) のように表されることを示せ．

解 図 4.17 を参考にすると

$$(n-1)\frac{1}{2}\lambda_n + \frac{1}{4}\lambda_n = L$$

が得られる．これから λ_n は

$$\lambda_n = \frac{4L}{2n-1}$$

となり，波の基本式 $v = \lambda_n f_n$ を使えば (4.21) が導かれる．

図 4.17 n 個の節がある場合

参考 **共鳴** 閉管の開いた端に音さを近づけ，図 4.18 のようにピストンを動かし管の長さを変えると，ある長さのところで大きな音が生じる．これは音さの振動数がちょうど閉管の固有振動数と一致し，管内に気柱の定常波ができたためである．この現象を**共鳴**という．管の口から L_1, L_2 の距離のところで共鳴が起こったとすれば $\lambda/2 = L_2 - L_1$ が成り立つ．音さの振動数を f とすれば

$$f = \frac{v}{\lambda} = \frac{v}{2(L_2 - L_1)}$$

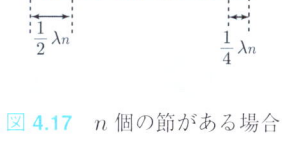

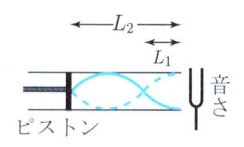

図 4.18 共鳴

と書ける．f がわかっていれば L_1, L_2 の測定によって音速 v が求まる．

一般に物体にはその物体に固有な振動数があり，外部振動の振動数がこれと一致すると，物体の振動は激しくなる．これを**共振**という．地震波の振動が建物に固有な振動と共振すると，被害は大きくなる．巨大な吊り橋が風と共振して壊れてしまった例もある．時として，共振は思わぬ災害を招くことがある．

人の発する音声　人の出す声は会話を行うという点で重要である．人により，声が高かったり，低かったり，大きかったり，小さかったり，澄んだ声だったり，しゃがれ声だったり，千差万別である．これらの性質は音の三要素という立場から理解できる．人は声帯の振動によって音声を発生させる．その音声は単に会話だけでなく，声楽に使われる．プロの声楽家の場合，男性で $80 \sim 470 \, \text{Hz}$，女性で $200 \sim 1050 \, \text{Hz}$ の範囲の音を出すことができる．バス，バリトン，テノール，アルト，ソプラノと呼ばれる人の音声の音域を図 4.19 に示す．

いろいろな楽器　我が国古来の楽器として三味線，琴，尺八があるし，交響曲ではバイオリン，フルート，クラリネットなど多数の楽器が使われる．これらの音楽は管弦楽と呼ばれるが，一般には弦楽器を主体とし，それに管楽器，打楽器などが付け加わったものである．それらの弦楽器，管楽器はこれまで論じてきた弦の振動，空気の振動などを利用し音を発生させている．また，太鼓のような打楽器は膜の振動を利用して音を出す装置である．いくつかの代表的な楽器の振動数範囲を図 4.20 に示した．

基音と倍音　基本振動に対応する音を基音，その 2 倍，3 倍，$\cdots$ の振動数をもつ正弦波を **2 倍音**，**3 倍音**，$\cdots$ という．図 4.13（p.55）で説明したように，ピアノの中央のドの振動数は $262 \, \text{Hz}$ であるが，その波形は正弦波と多少違っている．それは，ピアノのドがドの基音とこれの 2 倍音，3 倍音，$\cdots$ の混合した音（**協和音**）として表されるためである．一般に，基本と倍音の混ざり具合によって，その楽器の音色が決まる．逆に，基本と倍音の混合状態を電気的に実現すれば，その楽器の音が再現できる．キーボードは実際，このような方法でピアノ，バイオリン，ギターなどの音を発することが可能である．

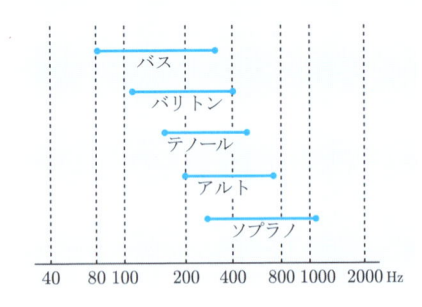

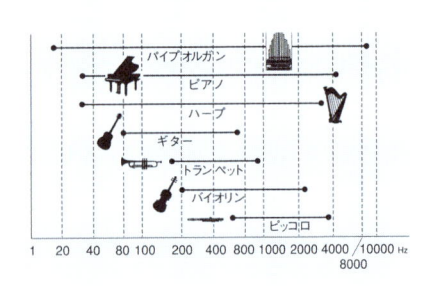

図 4.19　人の声の振動数範囲
（「物理のトビラをたたこう」，阿部龍蔵，岩波ジュニア新書，2003）

図 4.20　楽器の振動数範囲

4.5 定 常 波

---**物質と光**---

2.4 節でド・ブロイの発想について述べたが,ド・ブロイによる著書もある.すなわち,「物質と光」(ド・ブロイ著,河野與一訳,岩波全書,1939) がそれである.この本は上巻,下巻の 2 冊に分かれているが,両者ともその裏表紙には第一高等学校,理科甲類 1 年 1 組,阿部龍蔵の署名がある.このコラム欄のタイトルは同著書のをそのまま使わせていただいた.同著書の上巻の奥付には昭和 15 年 7 月 25 日発行,下巻には昭和 15 年 5 月 10 日発行という記載がある.昭和 15 年というと,紀元は 2600 年という年で,我が国では貴賎上下の別なく祝賀モードに包まれていた.上記の本を実際に読んだのは昭和 22 年であるが,古過ぎてどこでこの本を入手したかはあまり記憶にない.その頃,品川区大井町の山中というところに住んでいたが,歩いて 7, 8 分の距離に本屋があった.藤岡由夫著「物理学ノート」はこの本屋で購入した明確な記憶があるのだが「物質と光」に関しては判然としない.多分,この書店で買ったのであろう.

この本屋の店頭には渡邊慧著「物理学の小道にて」という本が飾られていたことを思い出す.いつかこの本を読みたいと思っていたのだが,残念ながらその機会を逸してしまった.しかし,後になって渡邊先生のご講演に出席する機会に恵まれた.昭和 28 年に東京大学理学部物理学科を卒業したが,この年,国際理論物理学会議を記念し,講演会が開かれた.同年 9 月 12 日(土)の私の日記には次のように書かれている.「朝日新聞主催の Peierls, Bhabha, Wheeler, Perrin の講演会に出かけたが,小川君が先の方に並んでいたのでそこへ割り込ませてもらった.話は専門外の英語が多く,余り英語の勉強にはならなかったようである.」この講演会の 2 番目に渡邊慧先生の「文化の国際性」と題する話があった.なお私の日記中にある小川君とは中学校の同級生の小川和成君のことで,その後私が東大,彼が日比谷高校に奉職していた頃一度お会いしたことがある.現在では彼は故人である.私の日記によると,次の 9 月 13 日には読売ホールで同じような講演会が開かれ,また小川君に割り込ませてもらった.日記には書いてないが,藤岡由夫先生が挨拶され「読売はジャイアンツだけではありませんよ.科学の進歩にも貢献しているです」と読売の PR をされていた.

昭和 15 年 (1940 年) は量子力学の完成から 15 年ほど経ち,その理論体系も完全にでき上がっていた.「物質と光」はそれらをまとめたものである.これ以後現在に至るまで数々の事実が明らかにされたが,新発見の 1 つに**宇宙背景放射**がある.第二次世界大戦後,可視光線の代わりに電波を使って天体を観測する電波天文学が発展していた.その背後には大戦中,電波を利用する索敵兵器,いわゆる電波兵器の進歩がある.1960 年代には宇宙のすべての方向から一様に地球に入射するマイクロ波が発見され,そのピークは波長 1.1 mm 当たりにあることがわかった.熱放射の場合,放射エネルギーの波長分布を記述するのは 2.1 節で論じたプランク分布の公式であるが,この法則を用いると,地球に入射する放射はほぼ 3 K の温度に相当する.この放射が宇宙背景放射である.宇宙はいまからおよそ 137 億年前,ビッグバンという現象によって創成されたと仮定されている.宇宙背景放射はビッグバンの初期段階に宇宙を満たしていた放射の名残と考えられている.

演習問題
第4章

1 p.49 の (1) で k と u_0 との関係は，波動が縦波か横波かで異なる．両者の関係について論じよ．

2 $x = t = 0$ で波動量は 0 とする．周期 T，波長 λ の正弦波は
$$u = r\sin\left[2\pi\left(\frac{t}{T} - \frac{x}{\lambda}\right)\right]$$
と記述されることを示せ．

3 例題 1（p.49）で扱った正弦波の場合，$t = (1/60)\,\mathrm{s}$，$x = 10\,\mathrm{cm}$ における変位の値は何 cm か．

4 2つの媒質が図 4.21 のように面 S を境に接している．媒質 1 中の波の速さを v_1，媒質 2 中の波の速さを v_2 とする．媒質 1 中の点 O から出て斜めに面 S に入射し，さらにその波が進んで面 S' に入射した．波の進行方向が面 S および面 S' となす角を θ_1, θ_2 として次の問に答えよ．ただし，面 S' は面 S に平行であるとし，また点 O から面 S, S' に下ろした垂線の足をそれぞれ A, B とする．

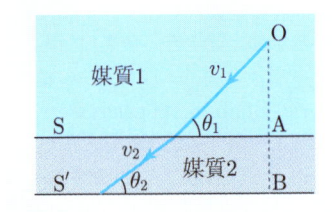

図 4.21 波の屈折

(a) $v_1, v_2, \theta_1, \theta_2$ の間の関係式を示せ．
(b) 点 B から 2.46 m 離れたところで θ_2 を測定した結果，$\cos\theta_2 = 12/13$ を得た．OB $= 1.2\,\mathrm{m}$，AB $= 0.4\,\mathrm{m}$ とすれば，v_1/v_2 の値はいくらか．

5 遠浅の岸で，沖から海岸に斜めに進んできた波は，海岸に近づくにつれて，その波面が海岸線と平行になってくる．これはなぜかを説明せよ．

6 水面上で 5.0 cm 離れていて，同じ位相で振動している波源 A, B から，それぞれ波長 2.0 cm の波が出ている．A, B 間で振幅が 0 になる点はいくつできるか．

7 デシベルに関する次の性質を導け．
(a) 音の強さが 2 倍になると 3 dB だけ増える．
(b) 音の強さのレベルが 10 dB 増すごとに，音の強さは 10 倍ずつ増加する．

8 地下鉄車内の音のレベルは 90 dB である．このときの音の強さを求めよ．

9 両端が開いた管を**開管**という．管の両端には何も障害物がないから，そこでの振動はもっとも激しくなる．すなわち，管の両端は腹となる．この点に注意し，長さ L の開管の固有振動数を求めよ．

第5章

ド・ブロイ波に対する式

　波動の角振動数 ω とその波数 k との関係を分散関係という．通常の波は簡単な分散関係を示し，これからのずれが存在するとき分散があるという．光が物質を通過する際分散が起こり，これは虹とか色収差の原因となる．量子力学的な粒子を表すド・ブロイ波の分散関係は通常の波と違い，その結果，この波の従うべき波動方程式も古典的なものと違ってくる．ド・ブロイ波に対する波動方程式をシュレーディンガー方程式といい，時間に依存する場合と依存しない場合とがある．本章では力を受けない箱中の時間に依存しないシュレーディンガー方程式は両端を固定した弦の振動と等価であることを示す．また，エネルギー固有値を論じ，粒子の質量，その閉じ込められている長さとの関係を述べる．また，量子力学と古典力学との関係について触れる．

本章の内容
5.1 分散関係
5.2 自由粒子に対するシュレーディンガー方程式
5.3 質量，長さ，エネルギー間の関係
5.4 波動関数
5.5 量子力学と古典力学

5.1 分散関係

古典的な波の分散関係　波動として正弦波を考慮したとき，波の角振動数 ω と波数 k との関係を**分散関係**という．この関係を導出するのに (4.8) (p.48) の波に対する基本式 $v=\lambda f$ に注目する．ω は振動数に 2π を掛けたものである．ちなみに，古典物理学の分野では振動数を表すのに f の記号，量子力学の分野では ν の記号を使うのが普通である．本書ではこの技法を使うことにしよう．一方，(4.10) (p.48) により，波数 k は波長 λ により $k=2\pi/\lambda$ と表される．よって，通常の波に対し

$$\omega = vk \tag{5.1}$$

が成り立つ．例えば，真空を伝わる電磁波の場合，v は k によらず一定で真空中の光速 c に等しい（図 5.1）．このとき分散がないという．一方，物質中では v は k に依存し，$v=c/n$ と書ける．一般に，n が k に依存することを分散があるという．光がプリズムによって屈折されるとき，分散が観測される（図 5.2）．

ド・ブロイ波に対する分散関係　ド・ブロイ波に対する基本的な関係は (2.10) (p.22) で表され，これを再び書くと

$$\nu = \frac{E}{h}, \quad \lambda = \frac{h}{p} \tag{5.2}$$

となる．(5.2) の右式から

$$p = h/\lambda \tag{5.3}$$

が得られる．あるいは $h=2\pi\hbar$ を代入し $2\pi/\lambda = k$ を用いると

$$p = \hbar k \tag{5.4}$$

となる．一般には，4.2 節 (p.49) で示したように，波数 k は波の進行方向と一致するベクトル，すなわち波数ベクトル $\boldsymbol{k}$ で表される．同様に，運動量も本来はベクトルとして書ける量であるから (5.4) はベクトル間の関係として

$$\boldsymbol{p} = \hbar \boldsymbol{k} \tag{5.5}$$

と表される．一方，ド・ブロイ波の ν と E と関係は (5.2) の左式で与えられる．ν は ω を使うと $\omega = 2\pi\nu$ と書けるので，h の代わり $\hbar$ の記号を用いると $\omega = E/\hbar$ となる．自由粒子の場合，粒子の質量を m とすれば，ド・ブロイ波に対する分散関係は次のようになる（例題 1）．

$$\omega = \frac{\hbar k^2}{2m} \tag{5.6}$$

5.1 分散関係

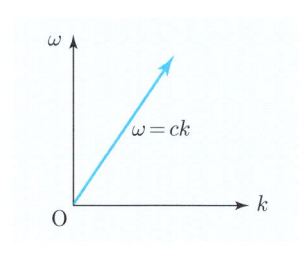

図 5.1 古典的な波の分散関係

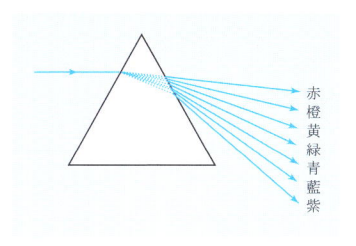

図 5.2 光の分散

例題 1 ド・ブロイ波に対する分散関係は (5.6) のように表されることを示せ．

解 自由粒子の場合，粒子の質量を m とすれば，粒子のエネルギー E は

$$E = \frac{p^2}{2m}$$

となる．これに $E = \hbar\omega$, $p = \hbar k$ を代入すれば，(5.6) が得られる．

参考 分散の例 身近に見られる分散の例は図 5.2 に示したような光の分散である．虹の 7 色に相当する各種の色が現れるがこれを覚える 1 つの方法は，色の名前を音読し，「せき・とう・おう・りょく・せい・らん・し」とすることである．著者は中学校の物理の時間でこの覚え方を教わって以来，60 年余りの年月がたつが，この間忘れたという記憶はない．口調がよく一旦覚えてしまえば忘れることはむしろ不可能である．虹の 7 色というのは万国共通ではないらしい．イギリス，アメリカ，フランスでは 6 色，ドイツでは 5 色で虹の 7 色は日本人の色彩感覚が優れているという話であるが，その真偽はあまりはっきりしない．

分散はときには不便をもたらすことがある．望遠鏡を自作された方は経験があると思うが普通の単レンズを使うと像に色がついてしまい，困るのである．例えばガリレオ式の場合，倍率が 2, 3 倍のときはあまり気にならないが，それでもガリレオは木星の四大衛星を発見したというから大したものである．単レンズに光を当てたとき，色によって屈折率は違うため一点に像ができない．これを **色収差**（いろしゅうさ）という．色収差を除くにはクラウンガラスの凸レンズとフリントガラスの凹レンズを張り合わせたレンズを用いる．これを **色消しレンズ** という．カメラ，ビデオカメラ，双眼鏡，顕微鏡，望遠鏡などの光学器械は色消しレンズを利用している．

(5.6) のド・ブロイ波の場合，分散関係が同式で記述されるような古典的な波を導入すれば十分なように思える．しかし，事態はそれほど簡単ではない．この辺の事情は以下の節を読んでいただけれが理解してもらえるだろう．

5.2 自由粒子に対するシュレーディンガー方程式

壁の間の自由粒子のエネルギー　ド・ブロイ波とエネルギーとの関係を調べるため (5.6) (p.62)，すなわち $\omega = \hbar k^2/2m$ を見直そう．両辺に $\hbar$ を掛ければ，左辺はド・ブロイ波のエネルギー E に等しくなり $E = \hbar^2 k^2/2m$ と書ける．粒子は長さ L の壁の間に閉じ込められているとし［図 3.13 (p.42)］，ド・ブロイ波は図 4.15 (p.57) のような固有振動で表されるとする．この固有振動は，振幅や時間による振動を省略すると，(4.19) (p.56) により

$$u = \sin \frac{n\pi x}{L} \quad (n = 1, 2, 3, \cdots) \tag{5.7}$$

となる．その波長は基本振動，2倍振動，3倍振動，… に従い $\lambda = 2L/n$ ($n = 1, 2, 3, \cdots$) と書ける．よって，$k = 2\pi/\lambda$ の関係を使うと

$$k = \frac{n\pi}{L} \tag{5.8}$$

が得られる．これを $E = \hbar^2 k^2/2m$ に代入すると

$$E = \frac{n^2 \pi^2 \hbar^2}{2mL^2} \tag{5.9}$$

となる．(5.9) は前期量子論あるいは量子力学の結果と一致する（例題 2）．

シュレーディンガー方程式　古典的な波動の波動量は表 4.1 (p.44) に示したようなもので，いずれも実数である．これに対して，ド・ブロイ波に対応する波動量は**波動関数**と呼ばれ，通常 ψ と表される．ψ は一般に複素数で直接観測できる量ではない．複素数については右ページの補足に説明してある．また，ψ が一般に複素数として記述される理由については例題 3 を参照せよ．ただし，例題 3 は偏微分を使っているので初学者は省略してもよい．ψ に対する方程式を**シュレーディンガー方程式**といい，ψ は 1 次元の問題を考えると x, t の関数である．これは次のシュレーディンガーの（時間を含んだ）**波動方程式**

$$-\frac{\hbar}{i}\frac{\partial \psi}{\partial t} = -\frac{\hbar^2}{2m}\frac{\partial^2 \psi}{\partial x^2} \tag{5.10}$$

に従う．エネルギー固有値 E を決めるべき方程式は

$$-\frac{\hbar^2}{2m}\frac{\partial^2 \psi}{\partial x^2} = E\psi \tag{5.11}$$

となる．これを**シュレーディンガーの（時間によらない）波動方程式**という．これらには偏微分の記号が含まれているが，初学者は飛ばしてもよい．

5.2 自由粒子に対するシュレーディンガー方程式

例題 2 (5.9) は前期量子論あるいは量子力学の結果と一致することを示せ.

解 (5.9) は第 3 章の演習問題 6 の結果 (p.130) と同じになり, 同式は前期量子論で求まる式と一致することがわかる. また, 量子力学の立場に立ち, (5.11) で $E > 0$ と仮定し $E = \hbar^2 k^2 / 2m$ とおくと同式は $\partial^2 \psi / \partial x^2 = -k^2 \psi$ となる. これは単振動の運動方程式と同じ形で, 一般解は A, B を任意定数として $\psi = A \sin kx + B \cos kx$ と書ける. $x = 0$ で $\psi = 0$ であるから $B = 0$ と書け, その結果 ψ は $\psi = A \sin kx$ と表され, $x = L$ で $\psi = 0$ という境界条件から $\sin kL = 0$ となる. これから

$$kL = n\pi \quad (n = 1, 2, 3, \cdots)$$

が得られ, (5.8) と同じになり, $E = \hbar^2 k^2 / 2m$ に代入すれば (5.9) が導かれる. この例題で k を決めるとき, $n = 0$ とおくと $k = 0$ となり ψ は恒等的に 0 で物理的に無意味なのでこの場合は除外する. また, $n = -1, -2, \cdots$ などは単に $n = 1, 2, \cdots$ の波動関数の符号を変えたもので物理的に新しい状態ではないのでこれらも除外する.

例題 3 自由粒子に対する時間を含んだシュレーディンガー方程式を導く際, 波動関数が実数であると仮定すると都合が悪く, 複素数の導入が必要である事情を説明せよ.

解 自由粒子の場合, ド・ブロイ波に対して (5.6) (p.62) のように $\omega = \hbar k^2 / 2m$ が成り立つ. この関係を波動関数 ψ に作用し $\partial^2 \psi / \partial x^2 = -k^2 \psi$ と仮定すると

$$\omega \psi = -\frac{\hbar}{2m} \frac{\partial^2 \psi}{\partial x^2}$$

が得られる. ここでオイラーの公式 $e^{i\theta} = \cos\theta + i\sin\theta$ を利用し, ψ_0 は実数として $\psi = \psi_0 e^{i(kx-\omega t)}$ の平面波 [(1) (p.49) 参照] の実数部分をとって波動関数は

$$\psi = \psi_0 \cos(kx - \omega t)$$

で与えられるとする. このような ψ に対しても $\partial^2 \psi / \partial x^2 = -k^2 \psi$ が成り立つ. 一方

$$\frac{\partial \psi}{\partial t} = \frac{\partial}{\partial t} \psi_0 \cos(kx - \omega t) = \omega \psi_0 \sin(kx - \omega t)$$

となり, ω という項は出てくるが, cos 関数が sin 関数に変わり, ψ だけを含む形にはならない. これに反し, ψ が $\psi = \psi_0 e^{i(kx-\omega t)}$ のような複素数であれば $\partial \psi / \partial t = -i\omega\psi$ すなわち $\omega\psi = -\partial\psi/i\partial t$ と書けるので (5.10) のように波動関数だけを含む波動方程式が導かれる.

補足 複素数と波動関数 物理の問題ではなんらかの観測の結果は物理量で表される. これらの物理量は適当な単位を使えば実数で書ける. しかし, 数学の分野では実数という概念を広げ複素数を考えるのが便利である. 元来 $x^2 = -1$ を満たす x を求めることから複素数の話が始まり, 一般には波動関数は複素数である. 複素数を表すため, 実数部分, 虚数部分が x, y 座標であるような平面 (複素平面) がよく使われる.

5.3 質量,長さ,エネルギー間の関係

エネルギーに対する評価　(5.9) で $n=1$ とすれば,エネルギーの値は
$$E = \frac{\pi^2 \hbar^2}{2mL^2} \tag{5.12}$$
と書ける.上式は固い壁間の自由粒子に対して成り立つ関係だが,一般に質量 m の粒子が長さ L の領域に閉じ込められていると,その量子力学的なエネルギーは数係数を除き (5.12) の程度であると考えてよい.物理量の程度を表すのにオーダーという用語を使うことがある.すなわち,長さ L 中の粒子(質量 m)のエネルギーのオーダーは (5.12) で与えられる.

原子,分子のエネルギー　原子,分子の問題では原子核の質量は電子の質量の数 1000 倍となり,原子核は静止しているとみなせる.したがって,これらの体系では m は電子の質量と考えられる.また,原子,分子の大きさは Å の程度で $L \sim 10^{-10}$ m となる.以上の数値を使うと E は 30 eV の程度と計算される(例題 4).こうした評価から理解されるように,原子,分子の化学エネルギーは eV のオーダーで,eV が適性な単位となる.実際,第 3 章の演習問題 4 (p.42) で学んだように水素原子の電離エネルギーは 13.6 eV となる.

核エネルギー　原子核に潜むエネルギーを**核エネルギー**という.(5.12) に示すように E は mL^2 に反比例するが,原子核の大きさ L は $L \sim 10^{-14}$ m のオーダーであるから,L^2 は原子,分子に比べ 10^{-8} 倍となる.一方,原子核の場合,m は核子の質量で電子の約 2000 倍となり,mL^2 は電子の 2×10^{-5} 倍となる.正確には核子の質量は電子の質量の 1840 倍である.こうして,核エネルギーは
$$30 \,\text{eV} \times 2 \times 10^{-5} = 1.5 \times 10^6 \,\text{eV} = 1.5 \,\text{MeV} \tag{5.13}$$
と求まり,MeV が適正な単位となる.ただし,MeV を**メガ電子ボルト**といい
$$1 \,\text{MeV} = 10^6 \,\text{eV} = 1.602 \times 10^{-13} \,\text{J} \tag{5.14}$$
と表される.上記のことからわかるように,核エネルギーを示すには MeV が適正な単位である.核エネルギーが化学エネルギーに比べ 100 万倍も大きいのは質量は大きいが,原子核が原子に比べ非常に小さいためである.

古典力学との対応　(5.12) で $\hbar \to 0$ の極限をとると,古典力学の結果と一致し,$E \to 0$ となる.一般にプランク定数が有限なために生じる現象を**量子効果**という.いまの場合の量子効果は粒子が波の性質をもつために起こるが,これについては右ページの参考を見よ.このような現象が発生するのは,量子力学の不確定性原理と関係しているがこれについては 5.5 節で述べる.

5.3 質量，長さ，エネルギー間の関係

例題 4 (5.12) で $\hbar \sim 10^{-34}\,\text{J·s}$, $m \sim 10^{-30}\,\text{kg}$, $L \sim 10^{-10}\,\text{m}$ として E を評価せよ．

解 (5.12) に与えられた数値を代入すると，E は

$$E \sim \frac{\pi^2 \times 10^{-68}}{2 \times 10^{-30} \times 10^{-20}}\,\text{J} \simeq 5 \times 10^{-18}\,\text{J} = \frac{5 \times 10^{-18}}{1.6 \times 10^{-16}}\,\text{eV} \simeq 30\,\text{eV}$$

と概算される．

補足 ド・ブロイ波とエネルギーの評価 体系の大きさが L だとド・ブロイ波の波長 λ も L であると期待され，粒子の運動量 p はアインシュタインの関係 (2.9) (p.18) の右式により

$$p = \frac{h}{L} \tag{1}$$

と表される．したがって，粒子のエネルギー E は $E = p^2/2m$ を利用し，(1) を代入すると

$$E = \frac{h^2}{2mL^2} \tag{2}$$

となる．$\hbar = h/2\pi$ であるから (5.12) を 4 倍すれば (2) と一致する．

例題 5 (5.12) の E に対する厳密な結果を得るためには上記の (1) をどのように修正すればよいか．

解 $E = p^2/2m$ の関係は成立していると考えられるので，(5.12) を導くためには

$$p = \frac{h}{2L}$$

ととればよい．すなわちド・ブロイ波の波長を $2L$ にとれば正確な結果が導かれる．

参考 核エネルギーの解放 原子核に膨大なエネルギーが潜んでいることは原子核の発見以後注目されていたが，イギリスの物理学者ラザフォード (1871-1937) はこれを外部にとりだすのは不可能だと考えていた．現在，核分裂の発見者はハーン (1879-1968，ドイツの化学者)，シュトラスマン (1902-1980，ドイツの化学者)，マイトナー女史 (1878-1968，オーストリア出身の物理学者で 1906 年から 30 年間ハーンと共同研究をした)，フリッシュ (1904-1979，オーストリア，イギリスの物理学者でマイトナーの甥) の 4 名の業績であるとされている．1938 年，ハーンとシュトラスマンによるウラン原子への中性子照射の結果をマイトナーとフリッシュが解析し，これがウラン原子核の分裂として説明できることを示した．原子核から解放されたエネルギーは原子爆弾として広島・長崎の悲劇を生んだ．しかし，原子核を利用した発電は，現在我が国の電気の 3 割を占めているそうである．物理学は善悪の 2 面を同時にもっているという証左であるといえないことはない．

5.4 波動関数

波動関数の意味　ド・ブロイ波を表す波動量として，5.2節で述べたように，波動関数というものを導入した．波動関数 ψ 自身は例題3 (p.65) で論じたように複素数であり，したがって観測量ではない．しかし，その絶対値 $|\psi|$ は実数であるから，何らかの観測量と結びついていると期待される．古典力学では，粒子の最初に位置と速度を決めると後の運動は一義的に決まってしまう．これを**因果律**が成り立つという．しかし，このような確定値にこだわっていると，波と粒子の矛盾的自己同一という概念から脱却できない．

そこで，量子力学では，粒子の位置や運動量が確定値をもつという考えを放棄する．すなわち，位置に関していえば，ある波動関数 ψ で表される状態で粒子に位置を測定すると，場合，場合に応じて異なった場所に粒子が見出される，と考える．この状況を比喩的に「神様はサイコロをふる」という．水素原子の基底状態の場合，古典論や前期量子論では，電子は陽子を中心としてボーア半径 a の円周上だけに分布する [図 **5.3(a)**]．これに対し量子力学では同図 **(b)** のように，電子はある種の空間的な分布をすると考える．一般に粒子の位置測定を何回も繰り返すと，ある場所で粒子の見出される確率が決まる．このように，粒子の存在確率を導入するのが量子力学の大きな特徴で，それによって波と粒子の二重性を矛盾なく説明している．

(5.10), (5.11) の一般化　5.2節では x 軸上を伝わる自由粒子のド・ブロイ波に対してシュレーディンガー方程式を導いたが，これを3次元に拡張しよう．位置ベクトルを $\boldsymbol{r}$，波数ベクトルを $\boldsymbol{k}$，ψ_0 を定数とすれば，$\boldsymbol{k}$ 方向に伝わるド・ブロイ波の波動関数は，次の平面波

$$\psi = \psi_0 e^{i(\boldsymbol{k}\cdot\boldsymbol{r}-\omega t)} \tag{5.15}$$

で表される．ここで偏微分 $\partial^2\psi/\partial x^2$ を一般化し

$$\Delta\psi = \frac{\partial^2\psi}{\partial x^2} + \frac{\partial^2\psi}{\partial y^2} + \frac{\partial^2\psi}{\partial z^2} \tag{5.16}$$

と定義する．$\Delta\psi = -k^2\psi$ が導かれ，これから

$$-\frac{\hbar}{i}\frac{\partial\psi}{\partial t} = -\frac{\hbar^2}{2m}\Delta\psi \tag{5.17}$$

$$-\frac{\hbar^2}{2m}\Delta\psi = E\psi \tag{5.18}$$

が得られる．

5.4 波動関数

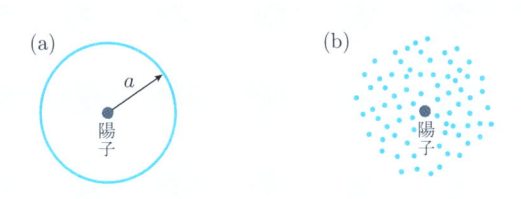

(a)　(b)

図 5.3　水素原子中の電子分布

例題 6　粒子の存在確率に関し次の法則に成り立つことがわかっている．すなわち，粒子が点 (x, y, z) 近傍の微小体積 ΔV（図 5.4）中に見出される確率は，時刻 t において

$$|\psi(x,y,z,t)|^2 \Delta V \tag{1}$$

に比例する．ここで $\psi(x,y,z,t)$ は (5.17) を満たすとする．次の問に答えよ．

(a)　(5.17) を満たす $\psi(x,y,z,t)$ と (5.18) を満たす $\psi(x,y,z)$ と関係について論じよ．

(b)　x の関数 Q の量子力学な平均値を $\langle Q \rangle$ とおく．$\langle Q \rangle$ を求めよ．

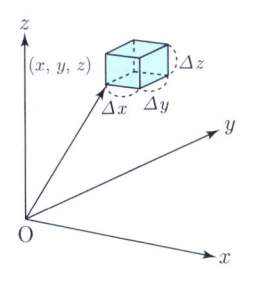

微小体積 $\Delta V = \Delta x \Delta y \Delta z$
中に粒子の見出される確率は
$|\psi(x,y,z,t)|^2 \Delta V$
に比例する．

図 5.4　点 (x, y, z) 近傍の微小体積

解　(a)　$\psi(x,y,z,t) = e^{-iEt/\hbar} \psi(x,y,z)$ とおけばよい．

(b)　$\langle Q \rangle$ は (1) を使うと

$$\langle Q \rangle = \sum Q |\psi(x,y,z,t)|^2 \Delta V \tag{2}$$

に比例する．ただし，(2) の $\sum$ は考えている領域 V にわたるものである．あるいは積分記号を利用すると

$$\langle Q \rangle = \int_V Q |\psi(x,y,z,t)|^2 dV \tag{3}$$

と書ける．一般の場合については 6.5 節（p.85）で述べる．

5.5 量子力学と古典力学

波束　ある点の近傍だけに集中し，それ以外は波動量 u が 0 であるような波（図 5.5）を**波束**という．古典力学での粒子は，量子力学でいうとド・ブロイ波の波束で表されると考えられる．身のまわりの光は長さ 1～2 m の波束であるとされている．この波束に光子のエネルギーが付随している．光はきれぎれの波束が多数集まったものと解釈できよう．

外力がある場合のシュレーディンガー方程式　時間によらないシュレーディンガー方程式を出発点とすると，この方程式は時間を含まないので，それが古典力学の運動方程式とどのように結び付くかが不明確である．そこで時間を含んだシュレーディンガー方程式から始めるとする．この前に (5.17) (p.68) を一般化することを試みる．(5.17) では粒子に外力が働かない場合を考えたが，粒子にポテンシャル U で記述され外力が加わるときには次のようにすればよい．まず (5.17) は

$$-\frac{\hbar}{i}\frac{\partial \psi}{\partial t} = H\psi, \quad H = \frac{p^2}{2m}, \quad \boldsymbol{p} = \frac{\hbar}{i}\nabla \qquad (5.19)$$

と書けることに注意する．H は**ハミルトニアン**と呼ばれ，体系の力学的エネルギーを運動量，座標で表したものである．この定義は古典力学，量子力学の別なく通用する．両者の違いは古典物理学における物理量を量子力学では演算子として表すことで，この点については 6.1 節で論じる．例えば，∇ は**ナブラ**といい

$$\nabla = \left(\frac{\partial}{\partial x}, \frac{\partial}{\partial y}, \frac{\partial}{\partial z}\right) \qquad (5.20)$$

と定義される．(5.19) の最左式，(5.20) から外場があるときのシュレーディンガー方程式は次のようになる．

$$-\frac{\hbar}{i}\frac{\partial \psi}{\partial t} = -\frac{\hbar^2}{2m}\Delta \psi + U\psi \qquad (5.21)$$

エーレンフェストの定理　(5.21) を利用すると，量子力学と古典力学との関係を論じることができる．位置ベクトル $\boldsymbol{r}$ のまわりのド・ブロイ波の波束の場合，運動量もある場所を中心として波束状に確率分布していると考えられる．(5.21) を使うと，一般的に力が $\boldsymbol{F}$ のとき

$$\frac{d\langle \boldsymbol{r}\rangle}{dt} = \frac{\langle \boldsymbol{p}\rangle}{m}, \quad \frac{d\langle \boldsymbol{p}\rangle}{dt} = \langle \boldsymbol{F}\rangle \qquad (5.22)$$

の関係が証明される（演習問題 5）．エーレンフェスト（1880-1933）は適当な条件下で量子力学は古典力学に帰着することを示した．

5.5 量子力学と古典力学

例題 7 量子力学の立場では，運動量と座標とを同時に正確に測定することはできず，どうしても両者に不確定さが残る．これを**ハイゼンベルクの不確定性原理**という．X 線顕微鏡で x 軸上の電子の位置と運動量を測定するとし上記の原理を導け．

解 X 線顕微鏡とは，通常の光のかわりに波長のごく短い電磁波を使うような顕微鏡である．一般に光は回折現象を示すので，顕微鏡で区別できる 2 点間の距離は，その光の波長程度である．このため，電子に波長 λ の X 線を x 方向に当て電子の位置を調べるとき，電子の x 座標の不確定さは $\Delta x \sim \lambda$ となる（図 5.6）．一方，電子に X 線を当てると，電子に運動量 h/λ の光子を当てることになるので，電子の運動量の x 成分にはそれと同程度の不確定さが生じ $\Delta p_x \sim h/\lambda$ と表される．Δx と Δp_x の積を作ると $\Delta x \cdot \Delta p_x \sim h$ となって不確定性原理が導かれる．

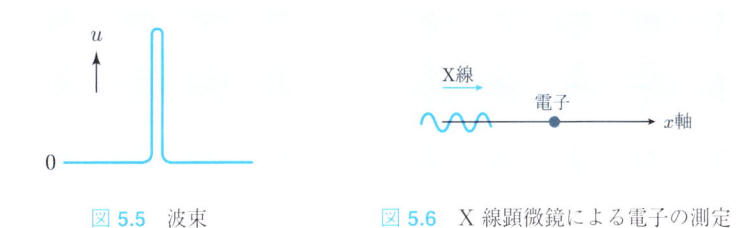

図 5.5 波束

図 5.6 X 線顕微鏡による電子の測定

補足 ハイゼンベルク ハイゼンベルク（1901-1976）はドイツの物理学者で，量子力学における物理量は行列の形で表されることを示し**行列力学**の建設に努めた．行列力学については 6.5 節で述べる．

参考 不確定性原理 例題 7 のような定性的な議論ではなく，正確な量子力学の議論を使うと $\Delta x \cdot \Delta p_x \geqq \hbar/2$ の関係を示すことができる．

―― ディラックのユーモア ――

ディラック（1902-1984）はイギリスの物理学者である．量子力学の発展途上，初期段階ではヨーロッパ大陸に比べイギリスは遅れをとった感じがある．それを一挙に挽回したのはディラックである．彼は量子力学に δ 関数を導入し，また電子に対する相対論的な波動方程式を導いた．ディラックの δ 関数についてはこの章の演習問題 6 で扱っている．量子力学の立場として波動関数を用いシュレーディンガー方程式に基づく方法がある．これは別名**波動力学**と呼ばれる．一方，行列力学の方法がある．ディラックは両者の方法が同じであることを示した．「数理科学（サイエンス社）2007 年 9 月号」は「孤高の天才の遺産とその展開」という副題がついているが，ディラックの紹介をしている．彼は英国人らしいユーモアのセンスに溢れており，その 1 つの現れがブラとケットであるが，これについては 6.4 節で学ぶ．

演習問題 第5章

1. 物質中の光の ω と k との関係は図 5.7 の (a) のように表されるか，それとも (b) のように表されるか．

2. 波数 10^{10} m^{-1} の電子がもつ運動エネルギーは何 J か．また，それは何 eV か．

3. z が複素数のときその大きさを $|z|$ で表すことがある．θ が実数のとき $|e^{i\theta}| = 1$ であることを示せ．

4. 考える領域 V に関して

$$\int_V |\psi(x,y,z)|^2 dV = 1$$

を成立させることができる．このように ψ を選ぶことを**波動関数の規格化**という．なぜ波動関数の規格化が可能であるか，その理由を述べよ．

5. エーレンフェストの定理 (5.22)（p.70）を証明せよ．

6. 図 5.8 のように $x' < x < x' + \varepsilon$ の領域で $1/\varepsilon$ という値をもち（ε は正の微小量），この領域外では 0 となるような関数を想定し，$\varepsilon \to 0$ の極限の関数を形式的に $\delta(x - x')$ と書く．これを**ディラックの δ 関数**という．この関数の次の性質を確かめよ．

(a) $f(x)$ が x の連続関数であれば

$$f(x)\delta(x - x') = f(x')\delta(x - x') \tag{1}$$

が成り立つ．特に，$f(x) = x$ であれば

$$x\delta(x - x') = x'\delta(x - x') \tag{2}$$

のようになる．

(b)
$$\int f(x)\delta(x - x')dx = f(x') \tag{3}$$

ただし，積分範囲は x' を含む任意の領域である．

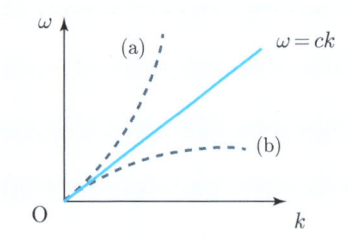

図 5.7 光の ω と k

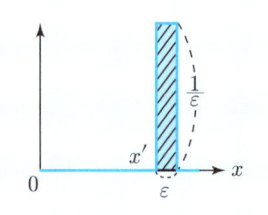

図 5.8 δ 関数

第6章

量子力学の原理

　古典力学と量子力学の違いの1つは，古典力学では物理量は普通の数として表されるが，量子力学では演算子として記述される点である．2×6 は 6×2 に等しいが，2つの演算子 A, B に対し積 AB は一般に積 BA とは違い，このような差から交換子というアイディアが生じる．物理量を測定したとき実数が得られるから，この性質は演算子にある種の制限を加える．また，量子力学ではある物理量が統計分布を示すが，これに対する確率の法則を学ぶ．量子力学の計算はディラックの導入したブラとケットの記号を使うと機械的に行うことができる．また，演算子を行列の形で表すこともでき，このような観点からハイゼンベルクの運動方程式を論じる．

本章の内容
6.1　物理量と演算子
6.2　エルミート演算子
6.3　確率の法則
6.4　ブラとケット
6.5　固有関数の完全性
6.6　行 列 力 学

6.1 物理量と演算子

物理量と演算子の関係　量子力学では物理量を単に普通の数（c 数）ではなく，演算子（あるいは作用素）として扱う．その一例は粒子の運動量 $\boldsymbol{p}$ でこれを微分演算子 $(h/i)\nabla$ で表現する．微分を知らない読者にとって微分演算子はピンとこないかもしれないが，位置をわずかに変化させたときの変化分を表すものと理解しておけばよいだろう．特に $\boldsymbol{p}$ の x 成分 p_x は

$$p_x = \frac{h}{i}\frac{\partial}{\partial x} \tag{6.1}$$

と書ける．これに対し，粒子の位置座標 x, y, z は単なる掛け算であるとされる．

演算子の固有値　広辞苑（第 6 版）によると演算子とは「関数を他の関数に対応させる演算記号」とある．ここでいう関数とは量子力学の場合，波動関数のことである．演算子を Q とするとき，もし

$$Q\psi = \lambda\psi \tag{6.2}$$

が成立するとき（λ は c 数），λ を Q の**固有値**，ψ をそれに対応する**固有関数**という．固有関数として波動関数と同じ ψ の記号を使ったが，混乱はないであろう．物理的には，固有関数 ψ で表される状態で物理量 Q の測定をしたとき，その物理量は確定値 λ をもつと考える．Q や波動関数の性質により λ が離散的な（トビトビの）値であったり，連続的であったりする．前者を**離散的固有値**，後者を**連続固有値**という．例えば，水素原子の場合，エネルギー固有値 E は $E < 0$ だと離散的，$E > 0$ だと連続的である．

線形な演算子　物理量を表す演算子 Q は勝手ではなく，Q は**線形**であることが要求される．すなわち，任意の波動関数 ψ_1, ψ_2 に対して

$$Q(\psi_1 + \psi_2) = Q\psi_1 + Q\psi_2 \tag{6.3}$$

でなければならない．また，任意定数 c に対して

$$Q(c\,\psi) = c\,Q\psi \tag{6.4}$$

が成立する．(6.3), (6.4) を繰り返し用いると，波動関数 $\psi_1, \psi_2, \cdots, \psi_n$ の一次結合 $c_1\psi_1 + c_2\psi_2 + \cdots + c_n\psi_n$ に対し（$c_1, c_2, \cdots, c_n$ は任意定数）

$$Q(c_1\psi_1 + c_2\psi_2 + \cdots + c_n\psi_n) = c_1Q\psi_1 + c_2Q\psi_2 + \cdots + c_nQ\psi_n \tag{6.5}$$

が成立する．座標，運動量，ハミルトニアンなどは線形な演算子である．物理的に (6.5) は波の重ね合わせの原理（p.48）を意味している．線形でない演算子を**非線形演算子**というが，その例については例題 2 で論じる．

6.1 物理量と演算子

例題 1 ディラックの δ 関数 $\delta(x-x')$ は，x の固有関数で固有値 x' をもつことを示せ．

解 量子力学では粒子の座標 x, y, z は単なる掛け算として表される．すなわち，波動関数に x, y, z 座標を作用させたものは

$$x\psi, \quad y\psi, \quad z\psi \tag{1}$$

と表される．これを使うと，例えば x 座標が，固有値 x をもつ関数は

$$x\delta(x-x') = x'\delta(x-x') \tag{2}$$

と書け，演習問題 6 の (2)（p.72）によりディラックの δ 関数 $\delta(x-x')$ は (2) の性質をもつことがわかる．

例題 2 $Q\psi = a\psi + b\psi^2$ は非線形演算子であることを証明せよ．ただし，a, b は定数であるとする．

解
$$Q(\psi_1+\psi_2) = a\psi_1 + b\psi_1^2 + a\psi_2 + b\psi_2^2 + 2b\psi_1\psi_2$$

となる．したがって，$\psi_1 = 0$ あるいは $\psi_2 = 0$ が成り立たない限り

$$Q(\psi_1+\psi_2) \neq Q\psi_1 + Q\psi_2$$

で (6.3) の条件を満たさない．したがって，与えられた演算子は非線形である．

参考　非線形振動と量子力学　一直線（x 軸）を運動する質量 m の粒子がある．この質点に働くポテンシャル $U(x)$ が x の 2 次と 4 次の項を含み

$$U(x) = \frac{1}{2}kx^2 + \frac{1}{4}ux^4 \tag{3}$$

と書けるとする．古典力学における運動方程式はニュートンの式で

$$m\frac{d^2x}{dt^2} = -kx - ux^3 \tag{4}$$

となる．(3) で 4 次の項が 0 として $u = 0$ のとき $k = m\omega^2$ とおくと (4) は

$$\frac{d^2x}{dt^2} = -\omega^2 x \tag{5}$$

と表される．(5) は**単振動**を記述し，このような体系を p.3 の例題 1 で述べたように一次元調和振動子という．現実の振動では，風に吹かれビュービュー鳴る電線とか鼓膜など非線形振動として表される．量子力学の場合，これに対応する時間によらないシュレーディンガー方程式は

$$-\frac{\hbar^2}{2m}\frac{\partial^2\psi}{\partial x^2} + U(x)\psi = E\psi \tag{6}$$

と書ける．古典的には非線形振動を扱うときでも (6) 自身は線形である．このように線形か非線形かは古典系を扱うか，量子系を扱うかによって異なる．

演算子の和　2つの演算子 P,Q の和 $P+Q$ は次のように定義される．
$$(P+Q)\psi = P\psi + Q\psi \tag{6.6}$$

演算子の積　いま
$$Q\psi = \psi_1, \quad P\psi_1 = \psi_2 \tag{6.7}$$

であるとする．すなわち，ψ に Q を作用させると ψ_1 になり，この ψ_1 にさらに P を作用させると ψ_2 になる．このとき，ψ から ψ_2 への変換は1つの演算子 R で表されるとし
$$\psi_2 = R\psi \tag{6.8}$$

とする．この R が P と Q との積で
$$R = PQ$$

と書ける．(6.7), (6.8) から
$$(PQ)\psi = P(Q\psi) \tag{6.9}$$

と表される．3つの演算子の積も同様に定義される．すなわち
$$R\psi = \psi_1, \quad Q\psi_1 = \psi_2, \quad P\psi_2 = \psi_3 \tag{6.10}$$

のとき
$$\psi_3 = (PQR)\psi \tag{6.11}$$

と定義する．(6.10) から
$$\begin{aligned} P(QR)\psi &= P\psi_2 = \psi_3 \\ (PQ)R\psi &= (PQ)\psi_1 = P(Q\psi_1) = P\psi_2 = \psi_3 \end{aligned} \tag{6.12}$$

となるから，次の**結合則**が成り立つ．
$$P(QR) = (PQ)R \tag{6.13}$$

交換関係と交換子　n 個の演算子 $Q_1, Q_2, \cdots, Q_n$ に対し $Q_1 Q_2 \cdots Q_n$ は一義的に決まる．しかし，その結果は演算の順序に依存し，一般には
$$PQ \neq QP \tag{6.14}$$

である．たまたま $PQ = QP$ が成り立つとき，P と Q とは**交換可能**あるいは**可換**（かかん）という．非可換な例として
$$p_x x - x p_x = \hbar/i \tag{6.15}$$

がある（例題3）．(6.15) のような式を**交換関係**という．特に
$$[A, B] = AB - BA \tag{6.16}$$

と定義し，これを A と B との**交換子**という．(6.15) は次のように書ける．
$$[p_x, x] = \hbar/i \tag{6.17}$$

6.1 物理量と演算子

例題 3 p_x と x との交換関係は (6.15) のように与えられることを示せ. p_x と y, z との交換関係はどのように表されるか. また, 運動量の各成分, 位置座標の各成分の交換子を求めよ.

解 任意の ψ に対して

$$p_x x\psi = p_x(x\psi) = \frac{\hbar}{i}\frac{\partial}{\partial x}(x\psi) = \frac{\hbar}{i}\left(x\frac{\partial \psi}{\partial x} + \psi\right) = xp_x\psi + \frac{\hbar}{i}\psi$$

が成り立つ. すなわち

$$(p_x x - xp_x)\psi = \frac{\hbar}{i}\psi$$

となる. ψ は全く任意であるから

$$p_x x - xp = \frac{\hbar}{i}$$

の (6.15) の関係が導かれる. x の偏微分は y と無関係に実行できるので

$$[p_x, y] = 0$$

となる. 同様に

$$[p_x, z] = 0$$

が得られる. p_x, p_y に対する次の表現

$$p_x = \frac{\hbar}{i}\frac{\partial}{\partial x}, \quad p_y = \frac{\hbar}{i}\frac{\partial}{\partial y}$$

で x の偏微分と y の偏微分は独立に実行できるので

$$[p_x, p_y] = 0$$

である. 同様に運動量の各成分は可換となる. x という演算子は通常の乗法であるから $xy = yx$ が成り立ち

$$[x, y] = 0$$

となる. 他の成分に対しても同様である. 2つの演算子の交換子が 0 のとき, この演算子の表す物理量は同時に正確に測定できる. 例えば, p_x と p_y では交換子が 0 なので同時に正確な測定が可能である. 同様なことが, p_x と y, x と y のペアについても成立する.

例題 4 次の等式を証明せよ.

$$[A+B, C] = [A, C] + [B, C]$$

解

$$[A+B, C] = (A+B)C - C(A+B) = AC - CA + BC - CB$$
$$= [A, C] + [B, C]$$

となって与式が証明される.

6.2 エルミート演算子

離散的な固有値　$Q\psi = \lambda\psi$ を満たす λ が演算子 Q の固有値である．前節で述べたように，λ は離散的であったり，連続的であったりする．考えている領域 V が有限のとき，固有値が離散的であれば V の体積 V が ∞ になった極限で，これらのあるものは離散的であったり，あるものは連続的に分布する．例えば，水素原子では $V \to \infty$ の極限でエネルギー固有値は前述のような挙動を示す．x のように元来連続的な物理量は区間を ε の微小間隔に分割し最後に $\varepsilon \to 0$ の極限をとればよい [阿部龍蔵著：新・演習　量子力学（サイエンス社）2005, p.33]．ここでは，簡単のため λ は離散的であるとする．固有値の集合は離散的であると仮定したからこれに適当な番号がつけられる．それらを今後 $1, 2, 3, \cdots$ と書く．

エルミート共役　観測し得る物理量は必ず実数であり，上記の λ も実数でなければならない．このためには Q に何らかの制限が課せられると期待されるが，以後，この問題を論じる．任意の演算子 P に対し

$$\left(\int_V \psi_2^* P \psi_1 dV\right)^* = \int_V \psi_1^* P^\dagger \psi_2 dV \tag{6.18}$$

と仮定し，$P^\dagger$ を P にエルミート共役な演算子という．ただし，$\dagger$ はダガーと呼ばれ，また $*$ は共役複素数を表す記号である．(6.18) で $\psi_2^* P \psi_1 = \psi_2^*(P\psi_1)$ の関係に注意すると

$$\int_V (P\psi_1)^* \psi_2 dV = \int_V \psi_1^* P^\dagger \psi_2 dV \tag{6.19}$$

と書くこともできる．(6.18) の共役複素数をとり，再び (6.18) の定義を用いると

$$\int_V \psi_2^* P \psi_1 dV = \left(\int_V \psi_1^* P^\dagger \psi_2 dV\right)^* = \int_V \psi_2^* (P^\dagger)^\dagger \psi_1 dV$$

が得られる．上式は，任意の ψ_1, ψ_2 に対して成り立つから

$$(P^\dagger)^\dagger = P \tag{6.20}$$

となる．すなわち，ある演算子のエルミート共役のまたエルミート共役は元の演算子に等しい．

エルミート演算子　ある演算子 Q のエルミート共役が Q 自身に等しいとき，すなわち

$$Q^\dagger = Q \tag{6.21}$$

が成り立つとき，この Q を**エルミート演算子**という．すべての物理量はエルミート演算子として表される（例題 5）．

6.2 エルミート演算子

例題 5 エルミート演算子の固有値は実数であることを示せ．

解 $Q\psi = \lambda\psi$ の関係から

$$\int_V \psi^* Q\psi dV = \lambda \int_V \psi^* \psi dV \tag{1}$$

が得られる．Q がエルミート演算子であることを利用すると

$$\left(\int_V \psi^* Q\psi dV\right)^* = \int_V \psi^* Q\psi dV \tag{2}$$

であることがわかる．$Q=1$ はエルミート演算子であるから，(2) で $Q=1$ とおくことにより

$$\left(\int_V \psi^* \psi dV\right)^* = \int_V \psi^* \psi dV \tag{3}$$

となる．(1) の共役複素数をとり，(2)，(3) に注意すると $\lambda^* = \lambda$ が得られる．複素数が等しいときには実数部分と虚数部分が等しくなる．したがって，$\lambda = a + ib$ とおくと $\lambda^* = a - ib$ と書け $\lambda^* = \lambda$ の関係が成立するとき，$b = 0$ で λ は実数となることがわかる．

例題 6 粒子の位置ベクトル $\boldsymbol{r}$，運動量 $\boldsymbol{p}$ はエルミート演算子であることを示せ．

解 粒子の例えば x 座標を考えると，これは実数であるから，$x = x^* = x$ となり x はエルミート演算子である．y, z 座標も同様である．運動量の x 成分 p_x をとり φ, ψ は任意として

$$\int_V \varphi^* p_x \psi dV = \int_V \varphi^* \frac{\hbar}{i} \frac{\partial \psi}{\partial x} dV \tag{4}$$

を考えると，x に関して部分積分を適用して (4) は

$$\frac{\hbar}{i} \int dydz \varphi^* \psi \Big|_{x=-\infty}^{x=\infty} - \frac{\hbar}{i} \int_V \psi \frac{\partial \varphi^*}{\partial x} dV \tag{5}$$

と表される．φ, ψ が波束を表すとすれば積分範囲が $-\infty < x < \infty$ のとき，$x \to \pm\infty$ で φ, ψ は 0 となり境界からの寄与は 0 となる．あるいは φ, ψ に周期的な境界条件が課せられているときには境界で同じ値が現れるので，境界からの寄与は同様に 0 となる．こうして上式右辺の第 1 項は 0 とおけるので

$$\left(\frac{\hbar}{i} \int_V \varphi^* \frac{\partial \psi}{\partial x} dV\right)^* = \frac{\hbar}{i} \int_V \psi^* \frac{\partial \varphi}{\partial x} dV \tag{6}$$

となり，φ, ψ は任意なので (6.18) を参考にすれば $p_x^\dagger = p_x$ が成立する．したがって，p_x はエルミート演算子で同様なことが y, z 成分についても成り立つ．よって，運動量はエルミート演算子である．

6.3 確率の法則

確率の法則　ある物理量を表す演算子 Q に対して

$$Q\psi_m = \lambda_m \psi_m, \quad Q\psi_n = \lambda_n \psi_n \tag{6.22}$$

が成り立つとする．固有関数 ψ_m で表される状態で Q の測定をしたとき確定値 λ_m が得られるが，ψ_m と ψ_n との一次結合

$$\psi = c_m \psi_m + c_n \psi_n \tag{6.23}$$

の状態で物理量 Q の測定をしたらどんな結果になるであろうか．結論を述べると次のようになる．Q の観測値は，λ_m か λ_n のどちらかである．(6.23) で $c_m = 1$ で $c_n = 0$ であれば，Q の測定値は λ_m である．これから ψ で表される状態で ψ_m の実現する割合は展開係数と関連していることがわかる．展開係数自身は一般に複素数であるから割合は $|c_m|$ と関係している．その際，次の**確率の法則**が成り立つ．すなわち，測定値が λ_m である確率は $|c_m|^2$ に比例し，また，測定値が λ_n である確率は $|c_n|^2$ に比例する．

規格直交系　任意の ψ を (6.23) の形に展開したとし

$$\psi = \sum_j c_j \psi_j \tag{6.24}$$

と表す．上式は一般には $\psi_1, \psi_2, \psi_3, \cdots$ に対する無限級数である．特に，$\psi_1, \psi_2, \psi_3, \cdots$ が以下の関係

$$\int_V \psi_r^* \psi_s dV = \delta_{rs} = \begin{cases} 1 & (r = s) \\ 0 & (r \neq s) \end{cases} \tag{6.25}$$

を満たすとき，$\psi_1, \psi_2, \psi_3, \cdots$ を**規格直交系**という．また，δ_{rs} を**クロネッカーの δ** という．例えば (6.23) のとき (6.25) を使うと

$$\begin{aligned}\int_V \psi^* \psi dV &= \int_V (c_m^* \psi_m^* + c_n^* \psi_n^*)(c_m \psi_m + c_n \psi_n) dV \\ &= |c_m|^2 + |c_n|^2 \end{aligned} \tag{6.26}$$

と書ける．ψ が規格化されていると（第 5 章，演習問題 4），(6.26) は 1 となり，Q が λ_m という値をとる（相対的でない）真の確率は $|c_m|^2$ に等しい．

Q の平均値　以上の結果は一般の場合にも適用される．ψ が (6.24) のように展開できるとき，ψ が規格化されていれば，Q が λ_m をとる確率は $|c_m|^2$ で与えられる．したがって，Q の量子力学的な平均値 $\langle Q \rangle$ は次のように表される．

$$\langle Q \rangle = \sum_j \lambda_j |c_j|^2 \tag{6.27}$$

参考 **自由粒子の波数分布** 確率の法則の応用例として**自由粒子の波数分布**を考える．1辺の長さ L の立方体に箱をとると，箱中で規格化された波動関数は

$$\psi_{\boldsymbol{k}}(\boldsymbol{r}) = \frac{1}{\sqrt{V}} e^{i\boldsymbol{k}\cdot\boldsymbol{r}} \tag{1}$$

と書ける（演習問題 5）．ここで V は立方体の体積である．(1) に演算子としての運動量 $(\hbar/i)\nabla$ を作用させると

$$\frac{\hbar}{i}\nabla\psi_{\boldsymbol{k}}(\boldsymbol{r}) = \hbar\boldsymbol{k}\psi_{\boldsymbol{k}}(\boldsymbol{r}) \tag{2}$$

と表される．すなわち，$\psi_{\boldsymbol{k}}(\boldsymbol{r})$ は運動量が確定値 $\hbar\boldsymbol{k}$ をもつような固有関数である．(1) から

$$\int_V \psi_{\boldsymbol{k}}^*(\boldsymbol{r})\psi_{\boldsymbol{k}'}(\boldsymbol{r})dV = \delta(\boldsymbol{k},\boldsymbol{k}') \tag{3}$$

であることがわかる．(3) の右辺は 3 次元的なクロネッカーの δ で，ベクトルとして $\boldsymbol{k}$ が $\boldsymbol{k}'$ と違えば 0，同じなら 1，すなわち

$$\delta(\boldsymbol{k},\boldsymbol{k}') = \begin{cases} 0 & (\boldsymbol{k} \neq \boldsymbol{k}') \\ 1 & (\boldsymbol{k} = \boldsymbol{k}') \end{cases}$$

を意味する．粒子の質量を m とすればエネルギー固有値 $E_{\boldsymbol{k}}$ は

$$E_{\boldsymbol{k}} = \frac{\hbar^2 k^2}{2m} \tag{4}$$

と書ける．上記の議論で $\boldsymbol{k}$ は波数ベクトルで周期的な境界条件の下で第 1 章の例題 3（p.7）のように与えられる．

ここで V 内で規格化された関数 ψ を

$$\psi = \sum_{\boldsymbol{k}} A_{\boldsymbol{k}} \psi_{\boldsymbol{k}} \tag{5}$$

と展開する．確率の法則により，ψ で表される状態で波数ベクトルが $\boldsymbol{k}$ である確率は $|A_{\boldsymbol{k}}|^2$ に等しい．(3) を利用すると展開係数 $A_{\boldsymbol{k}}$ は

$$A_{\boldsymbol{k}} = \int_V \psi\psi_{\boldsymbol{k}}^* dV = \frac{1}{\sqrt{V}}\int_V \psi e^{-i\boldsymbol{k}\cdot\boldsymbol{r}} dV \tag{6}$$

で与えられる．波数空間中の微小体積 $\Delta\boldsymbol{k}\,(=\Delta k_x \Delta k_y \Delta k_z)$ 中の状態数は第 1 章の例題 3（p.7）で述べたように

$$\frac{V}{(2\pi)^3}\Delta\boldsymbol{k} \tag{7}$$

に等しい．よって，波数ベクトルが波数空間中の $\Delta\boldsymbol{k}$ 内に見出される確率は，(6) の絶対値の 2 乗と (7) の積を作り次式のようになる．

$$\frac{\Delta\boldsymbol{k}}{(2\pi)^3}\left|\int_V \psi e^{-i\boldsymbol{k}\cdot\boldsymbol{r}} dV\right|^2 \tag{8}$$

6.4 ブラとケット

ブラ・ベクトルとケット・ベクトル　量子力学における記号として，波動関数 ψ を $|\psi\rangle$，その共役複素数 ψ^* を $\langle\psi|$ で記すことがある．前者をケット・ベクトル（略してケット），後者をブラ・ベクトル（略してブラ）と称する．また，領域 V を決めたとき任意の演算子 P に対し次のように書く．

$$\int_V \varphi^* P\psi dV = \langle\varphi|P|\psi\rangle \tag{6.28}$$

英語で括弧を bracket というが c の前と後をとり bra, ket という用語を用いる．この種の記号は p.71 で述べたように，ディラックが導入したものである．以後，これまでと同様な問題をブラとケットの観点から扱う．(6.28) で $P\psi$ は1つの関数とみなされるが，これをケットで表すと $|P\psi\rangle$ となる．この共役複素数を

$$|P\psi\rangle^* = \langle\psi|P^\dagger \tag{6.29}$$

と表し，P にエルミート共役な演算子 $P^\dagger$ を導入する．また固有関数に相当し固有ケットという用語を使う．(6.18)（p.78）は

$$\langle\varphi|P|\psi\rangle^* = \langle\psi|P^\dagger|\varphi\rangle \tag{6.30}$$

となる．上式からわかるように，左辺の共役複素数を求めるには左から右に並んでいる量を右から左へと書き換え，演算子には $\dagger$ の記号をつければよい．この規則は一般的な場合にも成立する（例題7）．

エルミート演算子　Q のエルミート共役が Q 自身に等しいとき，すなわち

$$Q^\dagger = Q \tag{6.31}$$

が成り立つとき，この Q はエルミート演算子である．エルミート演算子の固有値は実数である．ケット表示を使い Q の固有値を λ として

$$Q|\psi\rangle = \lambda|\psi\rangle \tag{6.32}$$

の関係に注目する．$|\psi\rangle$ が規格化されていれば $\langle\psi|Q|\psi\rangle = \lambda$ となる．(6.32) の共役複素数をとり Q がエルミート演算子であることに注意すると $\lambda^\dagger = \lambda$ が成り立ち，λ は実数である．以上，$|\psi\rangle$ は規格化されているとしたが，$\langle\psi|\psi\rangle^* = \langle\psi|\psi\rangle$ に注目すると同じ結論が得られる．

確率の法則　$|\psi\rangle$ が規格化されているとき，$|\psi\rangle$ を

$$|\psi\rangle = \sum_j c_j |\psi_j\rangle \tag{6.33}$$

と展開する．状態が $|\psi_j\rangle$ に見出される確率は $|c_j|^2$ に等しい．

例題 7 A, B が任意の演算子のとき $(AB)^\dagger = B^\dagger A^\dagger$ であることを示せ．また，この性質を使い任意の演算子 $A_1, A_2, \cdots, A_n$ に対する次の等式

$$\langle \varphi | A_1 A_2 \cdots A_n | \psi \rangle^* = \langle \psi | A_n^\dagger \cdots A_2^\dagger A_1^\dagger | \varphi \rangle$$

を証明せよ．ブラ，ケットの記号を使うとこのような機械的な計算が可能である．

解 (6.30) で $P = AB$ とおけば

$$\langle \varphi | AB | \psi \rangle^* = \langle \psi | (AB)^\dagger | \varphi \rangle \tag{1}$$

である．$AB|\psi\rangle$ は $|B\psi\rangle$ に A を演算したもので $AB|\psi\rangle = A|B\psi\rangle$ となる．よって，$\langle \varphi | AB | \psi \rangle = \langle \varphi | A | B\psi \rangle$ となり，この共役複素数をとり

$$\langle \varphi | AB | \psi \rangle^* = \langle B\psi | A^\dagger | \varphi \rangle \tag{2}$$

が得られる．一方，(6.29) は $\langle P\psi | = \langle \psi | P^\dagger$ と書けるので，ブラの中で演算子を縦線の外に出すと $\dagger$ の記号をつけることになる．したがって，(2) は

$$\langle \varphi | AB | \psi \rangle^* = \langle \psi | B^\dagger A^\dagger | \varphi \rangle \tag{3}$$

となる．(1), (3) から $\langle \psi | (AB)^\dagger | \varphi \rangle = \langle \psi | B^\dagger A^\dagger | \varphi \rangle$ となる．φ, ψ は任意であるから

$$(AB)^\dagger = B^\dagger A^\dagger \tag{4}$$

が求まる．(4) でさらに $B \to BC$ とおけば $(ABC)^\dagger = (BC)^\dagger A^\dagger = C^\dagger B^\dagger A^\dagger$ となり，同様な方法によって n 個の演算子に対し次の関係が成立する．

$$(A_1 A_2 \cdots A_n)^\dagger = A_n^\dagger \cdots A_2^\dagger A_1^\dagger$$

$\langle \varphi | A_1 A_2 \cdots A_n | \psi \rangle^* = \langle \psi | (A_1 A_2 \cdots A_n)^\dagger | \varphi \rangle$ であるから与式が成り立つ．

例題 8 A, B をエルミート演算子，i を虚数単位とするとき

$$AB + BA, \quad \frac{AB - BA}{i}$$

はエルミート演算子であることを示せ．

解 A, B はエルミート演算子であるから

$$(AB + BA)^\dagger = (AB)^\dagger + (BA)^\dagger = B^\dagger A^\dagger + A^\dagger B^\dagger = AB + BA$$

が成立し $AB + BA$ はエルミート演算子となる．また

$$\left(\frac{AB - BA}{i} \right)^\dagger = -\frac{BA - AB}{i} = \frac{AB - BA}{i}$$

となるので題意のようになる．

補足 **A の c 倍** A が任意の演算子，c が通常の数（一般には複素数）のときには，(4) を利用し

$$(cA)^\dagger = c^* A^\dagger$$

の関係が成り立つ．

6.5 固有関数の完全性

完全系　適当な物理量に注目し，それを表す演算子を Q とする．Q の固有値は離散的であるとし，それに番号をつけて n 番の固有値を λ_n，またそのときの固有関数を ψ_n とする．すなわち

$$Q\psi_n = \lambda_n \psi_n \quad (n = 1, 2, 3, \cdots) \tag{6.34}$$

とする．あるいはケット記号を用い，上式を簡単に

$$Q|n\rangle = \lambda_n |n\rangle \tag{6.35}$$

と表すこともある．固有関数は規格直交系を作るとし

$$\langle m|n\rangle = \int_V \psi_m^* \psi_n dV = \delta_{mn} \tag{6.36}$$

の関係が満たされているとする．任意の関数 ψ が

$$\psi = \sum_j c_j \psi_j \tag{6.37}$$

と展開できるとき，$\psi_1, \psi_2, \psi_3, \cdots$ の関数系は**完全系**あるいは**完備系**という．これは任意の位置ベクトルが x, y, z 方向の基本ベクトルの一次結合として書ける状況に似ている．ただし，いまは無限次元を扱うので数学的にはいろいろな問題があるが，ここでは (6.37) が成り立つとして以後の話を進める．(6.36), (6.37) から，展開係数 c_n は次のように表される．

$$c_n = \langle \psi_n | \psi \rangle = \langle n | \psi \rangle \tag{6.38}$$

演算子 U　次の

$$U = \sum_n |n\rangle\langle n| \tag{6.39}$$

で定義される演算子を導入する．この演算子の意味は，任意のケット・ベクトル $|P\rangle$ に作用したとき，その結果が次のようになることである．

$$U|P\rangle = \sum_j |n\rangle\langle n|P\rangle \tag{6.40}$$

上式で $\langle n|P\rangle$ は c 数なので，右辺は1つのケット・ベクトルを表す．特に $|P\rangle$ として $|m\rangle$ をとると，(6.36) を利用して $U|m\rangle = |m\rangle$ が成り立つ．すべての $|m\rangle$ についてこの式が正しいから $U = 1$ が得られる．すなわち

$$\sum_n |n\rangle\langle n| = 1 \tag{6.41}$$

が導かれる．これは完全性を表す条件である．

6.5 固有関数の完全性

例題 9 波動関数が x, y, z, t の関数で Q が位置ベクトルだけに依存するとき, Q の量子力学的な平均値 $\langle Q \rangle$ は p.69 の (3) により

$$\langle Q \rangle = \int_V Q\,|\psi(x,y,z,t)|^2 dV \tag{1}$$

と表される. ψ が t に依存しないとしブラとケットの記号を使うと (1) は

$$\langle Q \rangle = \langle \psi | Q | \psi \rangle \tag{2}$$

と書ける. (2) は Q が x, y, z の関数のときだけでなく, 一般的に成り立つことを証明せよ.

解 6.3 節で述べた確率の法則により $|\psi\rangle$ を Q の固有ケットで展開して

$$|\psi\rangle = \sum c_n |n\rangle \tag{3}$$

とするとき, λ_n の得られる確率は $|c_n|^2$ に比例する. ただし, 総和記号 n を省略した. ψ が規格化されていると真の確率は $|c_n|^2$ で等しい. Q の量子力学的な平均値 $\langle Q \rangle$ は (6.27) (p.80) により, 総和記号 j の代わり n を使うと

$$\langle Q \rangle = \sum \lambda_n |c_n|^2 \tag{4}$$

と書ける. 固有ケットが規格直交系を作るとすれば $\langle m | n \rangle = \delta_{mn}$ であるから (3) にブラ $\langle m |$ を掛けると

$$\langle m | \psi \rangle = \sum c_n \langle m | n \rangle = \sum c_n \delta_{mn} = c_m$$

となる. あるいは, この共役複素数をとると $c_n^* = \langle \psi | n \rangle$ となる. こうして完全性の条件 (6.41) を使い

$$\langle Q \rangle = \sum \langle \psi | n \rangle \lambda_n \langle n | \psi \rangle = \sum \langle \psi | Q | n \rangle \langle n | \psi \rangle = \langle \psi | Q | \psi \rangle \tag{5}$$

となる. したがって (2) は一般的に成り立つことが確かめられる.

――――――― **フーリエ解析** ―――――――

フーリエ (1768-1830) はフランスの数学者, 物理学者である. 関数 $f(x)$ が周期 $2l$ の周期関数すなわち $f(x) = f(x+2l)$ のとき, $\omega = \pi/l$ において $f(x)$ は

$$f(x) = \frac{a_0}{2} + \sum_{n=1}^{\infty}(a_0 \cos n\omega x + b_n \sin n\omega x)$$

と展開される. ここで, 展開係数 a_n, b_n は

$$a_n = \frac{1}{l}\int_{-l}^{l} f(x)\cos n\omega x\,dx, \quad b_n = \frac{1}{l}\int_{-l}^{l} f(x)\sin n\omega x\,dx$$

で与えられる. このような級数を**フーリエ級数**と呼ぶ. 波動関数を平面波で展開するのはフーリエ級数を導入することと等価である. $f(x)$ が stückweise glatt (部分的に滑らか) だとフーリエ級数は収束し $f(x)$ に等しいことが証明されている. $f(x)$ が不連続で右からの値と左からの値が違うときフーリエ級数は両者の平均値となる. 一般に, 任意関数を三角関数の和として表すことを**フーリエ解析**といい, 数学, 物理学の諸分野で利用されている.

6.6 行列力学

Q に対する行列　演算子 Q を決めるには任意の関数 ψ に演算した $Q\psi$ がわかればよい．$\psi_1, \psi_2, \psi_3, \cdots$ が完全系なら，ψ はこれらで展開でき $\psi = \sum_n c_n \psi_n$ と表される．Q の線形性により

$$Q\psi = \sum_n c_n Q\psi_n \tag{6.42}$$

が成り立つ．ψ が与えられると c_n は既知の量で，(6.42) からわかるように $Q\psi$ を決めるには $Q\psi_n$ がわかればよい．これを $\psi_1, \psi_2, \psi_3, \cdots$ の完全系で展開し

$$Q\psi_n = \sum_m Q_{mn} \psi_m \tag{6.43}$$

と書く．展開係数は n と m に依存するので上のような記号を用いた．結局，Q を決めるには Q_{mn} を与えればよい．m, n は $1, 2, 3, \cdots$ と変化するので，Q_{mn} を

$$\begin{bmatrix} Q_{11} & Q_{12} & Q_{13} & \cdots \\ Q_{21} & Q_{22} & Q_{23} & \cdots \\ Q_{31} & Q_{32} & Q_{33} & \cdots \\ \cdots & \cdots & \cdots & \cdots \end{bmatrix} \tag{6.44}$$

と並べ，これを Q の**行列**という．また，Q_{mn} を m 行 n 列の**行列要素**という．

ブラ・ケットによる表現　$\psi_1, \psi_2, \psi_3, \cdots$ が規格直交系であると (6.43) から

$$Q_{mn} = \int_V \psi_m^* Q \psi_n dV \tag{6.45}$$

と表される．あるいはブラ・ケットの記号を使うと (6.45) は

$$Q_{mn} = \langle \psi_m | Q | \psi_n \rangle \tag{6.46}$$

と書ける．簡単のため，(6.46) を次のように書くこともある．

$$Q_{mn} = \langle m | Q | n \rangle \tag{6.47}$$

共役転置行列　一般に $Q^\dagger$ の行列要素に対し

$$(Q^\dagger)_{mn} = \langle m | Q^\dagger | n \rangle = \langle n | Q | m \rangle^* = (Q_{nm})^* \tag{6.48}$$

である．$Q^\dagger$ に相当した行列を求めるには元来の行列を転置し ($m \rightleftarrows n$)，各行列要素の共役複素数をとればよい．こうして得られる行列を**共役転置行列**という．Q がエルミート演算子のとき，その行列は共役転置行列に等しい．よって Q がエルミート演算子の場合，対角要素は実数となり，(6.44) で対角線に対し対称な行列要素は互いに共役複素数の関係である．このような性質をもつ行列を**エルミート行列**という．

6.6 行列力学

参考) シュレーディンガー表示とハイゼンベルク表示 　演算子を表現する完全系を**基礎関数系**と呼ぼう．基礎関数系は時間の関数でもよいが，個々の関数が

$$-\frac{\hbar}{i}\frac{\partial \psi}{\partial t} = H\psi \tag{1}$$

の時間を含んだシュレーディンガー方程式の解であるような表示を**シュレーディンガー表示**という．この表示では基礎関数系は時間に依存するので，次の行列要素

$$Q_{mn} = \int_V \psi_m^* Q \psi_n dV \tag{2}$$

も当然時間 t の関数となる．次の演算子

$$e^{-iHt/\hbar} = \sum_{s=0}^{\infty}\frac{1}{s!}\left(-\frac{iHt}{\hbar}\right)^s \tag{3}$$

を考え，これを t で微分すると，通常の指数関数と同様

$$\frac{\partial}{\partial t}e^{-iHt/\hbar} = -\frac{i}{\hbar}He^{-iHt/\hbar} = -\frac{i}{\hbar}e^{-iHt/\hbar}H \tag{4}$$

が成り立つ．ただし，ハミルトニアン H は時間に依存しないと仮定した．(4) を使うと，$t = 0$ における ψ を $\psi(0)$ とし，(1) の解を

$$\psi(t) = e^{-iHt/\hbar}\psi(0) \tag{5}$$

と形式的に表すことができる．この場合，時間に依存しない $\psi_n(0)$ などによる表示を**ハイゼンベルク表示**という．

補足) ハイゼンベルクの運動方程式 　H がエルミート演算子であることを使うと

$$Q_{mn} = \int_V \psi_m^*(0) e^{iHt/\hbar} Q e^{-iHt/\hbar} \psi_n(0) dV \tag{6}$$

と表すことができる（演習問題 7）．(6) の基礎関数系は $\psi_n(0)$ などであるから，これはハイゼンベルク表示である．Q_{mn} の時間依存性は演算子 Q が

$$Q(t) = e^{iHt/\hbar} Q e^{-iHt/\hbar} \tag{7}$$

という時間による演算子で表されるためと解釈できる．(7) を演算子のハイゼンベルク表示という．(7) を時間で微分すると Q, H があらわに t を含まないとき

$$\begin{aligned}\frac{dQ(t)}{dt} &= \frac{i}{\hbar}(He^{iHt/\hbar}Qe^{-iHt/\hbar} - e^{iHt/\hbar}Qe^{-iHt/\hbar}H) \\ &= \frac{i}{\hbar}[HQ(t) - Q(t)H]\end{aligned} \tag{8}$$

が得られる．これを**ハイゼンベルクの運動方程式**という．ハミルトニアン H が次の

$$H = \frac{1}{2m}(p_x^2 + p_y^2 + p_z^2) + U(x,y,z)$$

のとき速度を表す演算子は古典力学と同様な式で表される（演習問題 8）．

演習問題
第6章

1 一直線（x 軸）上を運動する質量 m の粒子があり，これには U で記述されるポテンシャルが働いているとする．エネルギー固有値 E を決めるべきシュレーディンガー方程式はどのように表されるか．次の①〜④のうちから正しいものを1つ選べ．

① $-\dfrac{\hbar}{2m}\dfrac{\partial^2\psi}{\partial x^2}+U\psi=E\psi$　　② $-\dfrac{\hbar^2}{2m}\dfrac{\partial^2\psi}{\partial x^2}+mU\psi=E\psi$

③ $-\dfrac{\hbar^2}{2m}\dfrac{\partial^2\psi}{\partial x^2}+U\psi=E\psi$　　④ $-\dfrac{\hbar^2}{2m}\dfrac{\partial^2\psi}{\partial x^2}+mU\psi=mE\psi$

2 次の等式を証明せよ．
$$[A,BC]=[A,B]C+B[A,C]$$
また，この式を利用し $n=1,2,3,\cdots,n$ に対して
$$[p_x,x^n]=\dfrac{\hbar}{i}nx^{n-1}$$
の等式を導け．

3 $f(x)$ が x の任意関数の場合，次式の成立を証明せよ．
$$[p_x,f(x)]=\dfrac{\hbar}{i}\dfrac{df}{dx}$$

4 ハミルトニアン $\boldsymbol{p}^2/2m+U(x,y,z)$ はエルミート演算子であることを示せ．

5 体積 V の立方体中で規格化された自由粒子の波動関数は
$$\psi_{\boldsymbol{k}}(\boldsymbol{r})=\dfrac{1}{\sqrt{V}}e^{i\boldsymbol{k}\cdot\boldsymbol{r}}$$
と書けることを説明せよ．

6 $Q\,|m\rangle=\lambda_m\,|m\rangle$，$Q\,|n\rangle=\lambda_n\,|n\rangle$ の等式がある．Q がエルミート演算子の場合 $\lambda_m\neq\lambda_n$ なら $|m\rangle$ と $|n\rangle$ とは互いにエルミート直交し
$$\langle m\,|\,n\rangle=0$$
が成り立つことを示せ．

7 H がエルミート演算子として (6)（p.87）の等式を導け．

8 ハミルトニアン H が演習問題 4 と同じく $H=\boldsymbol{p}^2/2m+U(x,y,z)$ で与えられるとする．速度 $\boldsymbol{v}$ は $\boldsymbol{v}=d\boldsymbol{r}/dt$ で与えられるが，ハイゼンベルクの運動方程式を適用して，$\boldsymbol{v}$ は古典力学と同様の結果，すなわち
$$\boldsymbol{v}=\dfrac{d\boldsymbol{r}}{dt}=\dfrac{\boldsymbol{p}}{m}$$
と書けることを示せ．

第7章

スピンと量子統計

　速度の原点に対するモーメントを原点に関する角運動量という．これは古典力学の定義であるが，量子力学にも拡張できそれを軌道角運動量という．軌道角運動量の x, y, z 成分の交換関係を解くと，角運動量の成分が計算できる．その z 成分は $\hbar$ を単位とすると，$0, 1/2, 1, 3/2, 2, \cdots$ というように整数あるいは半整数が可能となる．整数の場合 l という記号を使うが，これは古典的な量と結びつく．しかし，半整数では s という記号を用いるがこれは古典的には理解できず量子力学で新しく登場する概念である．強いてあげれば，s は粒子の自転と考えられる量でこれをスピン角運動量という．素粒子のスピンは整数か，半整数のどちらかであるが，整数の場合，粒子はボース統計に従い，半整数の場合，粒子はフェルミ統計に従う．両者の統計をあわせて量子統計という．

本章の内容
7.1　量子力学的な角運動量
7.2　昇降演算子の行列
7.3　ス ピ ン
7.4　量 子 統 計

7.1 量子力学的な角運動量

軌道角運動量　点 O から見た粒子 P の位置ベクトルを r, P の運動量を p とするとき

$$l = r \times p \tag{7.1}$$

で定義される l を粒子が点 O のまわりにもつ角運動量という（図 7.1）．この定義は古典力学でも量子力学でも共通である．しかし，量子力学では粒子の内部自由度スピンのもつ角運動量と区別するため，(7.1) のような角運動量を**軌道角運動量**という．通常，1 個の粒子の角運動量は小文字の l で表す．

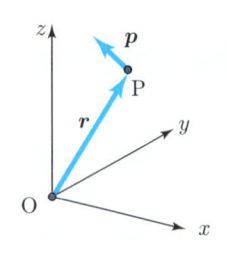

図 7.1　角運動量の定義

角運動量の交換関係　(7.1) の成分をとると

$$l_x = yp_z - zp_y, \quad l_y = zp_x - xp_z, \quad l_z = xp_y - yp_x \tag{7.2}$$

と書ける．量子力学では座標と運動量とは必ずしも可換ではないため，角運動量の各成分も必ずしも可換とはならない．例題 1 で示すように次の交換関係が成り立つ．

$$[l_y, l_z] = l_y l_z - l_z l_y = i\hbar l_x \tag{7.3a}$$

$$[l_z, l_x] = l_z l_x - l_x l_z = i\hbar l_y \tag{7.3b}$$

$$[l_x, l_y] = l_x l_y - l_y l_x = i\hbar l_z \tag{7.3c}$$

以上の 3 つの交換関係を

$$l \times l = i\hbar l \tag{7.4}$$

と書くこともある．古典力学の立場では (7.4) の左辺は 0 となるが，量子力学では必ずしも 0 にはならない点に量子力学的な特徴がある．なお，角運動量の各成分はエルミート演算子である（例題 2）．

角運動量の大きさの 2 乗　角運動量の大きさの 2 乗 l^2 は

$$l^2 = l_x^2 + l_y^2 + l_z^2 \tag{7.5}$$

で定義される．l^2 は l_x, l_y, l_z と可換で

$$[l^2, l_x] = [l^2, l_y] = [l^2, l_z] = 0 \tag{7.6}$$

が成り立つ（例題 1）．このため，l_x と l_y とは同時に正確に測定できないが，l_x と l^2 とは同時に正確に測定できる．ただし，l_x, l_y, l_z が同時に正確に測定されることはない．

7.1 量子力学的な角運動量

例題 1 角運動量に関する次の問題に答えよ.
(a) 各成分に対する交換関係を導け.
(b) l^2 は l_x, l_y, l_z と可換であることを証明せよ.

解 (a) 座標と運動量に対する交換関係は
$$[x, p_x] = [y, p_y] = [z, p_z] = i\hbar$$
と表され, 他の成分同士は可換である. 角運動量の各成分の交換関係は
$$[l_y, l_z] = [zp_x - xp_z, xp_y - yp_x] = [zp_x, xp_y] + [xp_z, yp_x]$$
$$= zp_y[p_x, x] + yp_z[x, p_x] = i\hbar(yp_z - zp_y) = i\hbar l_x$$
$$[l_z, l_x] = [xp_y - yp_x, yp_z - zp_y] = [xp_y, yp_z] + [yp_x, zp_y]$$
$$= xp_z[p_y, y] + zp_x[y, p_y] = i\hbar(zp_x - xp_z) = i\hbar l_y$$
$$[l_x, l_y] = [yp_z - zp_y, zp_x - xp_z] = [yp_z, zp_x] + [zp_y, xp_z]$$
$$= yp_x[p_z, z] + xp_y[z, p_z] = i\hbar(xp_y - yp_x) = i\hbar l_z$$
となって, (7.3a)〜(7.3c) が導かれる.

(b) l^2 と l_x との交換関係は
$$[l^2, l_x] = [l_x^2 + l_y^2 + l_z^2, l_x] = [l_y^2 + l_z^2, l_x]$$
$$= l_y[l_y, l_x] + [l_y, l_x]l_y + l_z[l_z, l_x] + [l_z, l_x]l_z$$
$$= -i\hbar l_y l_z - i\hbar l_z l_y + i\hbar l_z l_y + i\hbar l_y l_z = 0$$

となり, 同様にして l^2 は l_y, l_z と可換であることが示される. 上と同様な計算を行えばこのことがわかる. しかし $(x, y, z) \to (y, z, x) \to (z, x, y)$ という変換を実行し, l^2 が不変であることを利用しても同じ結果が得られる. なお, 角運動量の各成分の交換関係も同じ変換で理解できる.

例題 2 角運動量の各成分はエルミート演算子であることを示せ.

解 例えば l_x を考えると $l_x = yp_z - zp_y$ となる. このエルミート共役をとると y と p_z 同士, z と p_y 同士は可換であるから $l_x^\dagger = p_z y - p_y z = l_x$ が成り立つ. したがって, l_x はエルミート演算子である. l_y, l_z も同様となる.

参考 **全角運動量** n 個の粒子があり, 原点 O に関する個々の粒子の角運動量を $l_1, l_2, \cdots, l_n$ とする. このとき**全角運動量 L** を
$$L = l_1 + l_2 + \cdots + l_n$$
で定義したとき, 次の事実が証明される〔詳しくは, 例えば阿部龍蔵著: 新・演習 量子力学 (サイエンス社) 2005, p.58 参照〕. (a) L の各成分は (7.3a)〜(7.3c) と同じ交換関係を満足する. (b) L^2 は L_x, L_y, L_z と可換である. (a), (b) からわかるように, 量子力学的な角運動量の性質は個々の粒子に注目しても全体に注目しても同じである.

7.2 昇降演算子の行列

角運動量の交換関係 1個の粒子に対する軌道角運動量の古典力学的な定義をそのまま量子力学に拡張すると，p.90 で示したような交換関係が得られる．前節の参考で見たように，全角運動量でも同じ関係が成立し量子力学的な角運動量はこの種の交換関係に従うと考えられる．以下，一般的な場合を扱うという意味で，従来の小文字のかわりに大文字の記号を使うことにすれば $\boldsymbol{L}$ の x, y, z 成分は次の交換関係を満足する．

$$[L_y, L_z] = i\hbar L_x, \quad [L_z, L_x] = i\hbar L_y, \quad [L_x, L_y] = i\hbar L_z \tag{7.7}$$

また
$$\boldsymbol{L}^2 = L_x^2 + L_y^2 + L_z^2 \tag{7.8}$$

の $\boldsymbol{L}^2$ に対し，次の関係が成り立つ．

$$[\boldsymbol{L}^2, L_x] = [\boldsymbol{L}^2, L_y] = [\boldsymbol{L}^2, L_z] = 0 \tag{7.9}$$

昇降演算子 次式で定義される

$$L_+ = L_x + iL_y, \quad L_- = L_x - iL_y \tag{7.10}$$

は L_z の固有値を $\hbar$ だけ増加させたり，減少させる演算子なのでこれらを**昇降演算子**という（例題3）．昇降演算子に関して以下の交換関係が成り立つ．

$$[\boldsymbol{L}^2, L_+] = [\boldsymbol{L}^2, L_-] = 0 \tag{7.11}$$

$$[L_z, L_+] = [L_z, L_x + iL_y] = i\hbar L_y + i(-i\hbar)L_x = \hbar L_+ \tag{7.12}$$

$$[L_z, L_-] = [L_z, L_x - iL_y] = i\hbar L_y - i(-i\hbar)L_x = -\hbar L_- \tag{7.13}$$

$$[L_+, L_-] = [L_x + iL_y, L_x - iL_y] = \hbar L_z + \hbar L_z = 2\hbar L_z \tag{7.14}$$

無次元化 L_x, L_y, L_z は $\hbar$ の次元をもつ．したがって

$$L_x = \hbar D_x, \quad L_y = \hbar D_y, \quad L_z = \hbar D_z \tag{7.15}$$

により無次元の演算子を導入するのが便利である．D 同士の交換関係は

$$[D_z, D_+] = D_+, \quad [D_z, D_-] = -D_-, \quad [D_+, D_-] = 2D_z \tag{7.16}$$

と表される．あるいは，これらは次のように書ける．

$$D_+ D_z - D_z D_+ = -D_+ \tag{7.17a}$$

$$D_- D_z - D_z D_- = D_- \tag{7.17b}$$

$$D_+ D_- - D_- D_+ = 2D_z \tag{7.17c}$$

7.2 昇降演算子の行列

例題 3 D_z の固有値を M, これに対応する固有関数を ψ_M とし
$$D_z \psi_M = M \psi_M$$
が成り立つとする. このとき, 次の性質を示せ.
(a) $D_+ \psi_M$ が恒等的に 0 でないと $D_+ \psi_M$ は D_z の固有値 $(M+1)$ の固有関数である.
(b) $D_- \psi_M$ が恒等的に 0 でないと $D_- \psi_M$ は D_z の固有値 $(M-1)$ の固有関数である.

解 (a) (7.17a) から
$$(D_+ D_z - D_z D_+) \psi_M = -D_+ \psi_M$$
となる. $D_+ D_z \psi_M = D_+(D_z \psi_M) = D_+(M \psi_M) = M D_+ \psi_M$ と書けるので
$$M D_+ \psi_M - D_z D_+ \psi_M = -D_+ \psi_M$$
$$\therefore \quad D_z(D_+ \psi_M) = (M+1) D_+ \psi_M$$
が成り立ち, $D_+ \psi_M$ が恒等的に 0 でないとこれは D_z の固有関数で固有値は $M+1$ である. こうして, M, $M+1$, $M+2$, $\cdots$ という系列ができる.

(b) (a) と同様で, (7.17b) から
$$(D_- D_z - D_z D_-) \psi_M = D_- \psi_M$$
$$\therefore \quad D_z(D_- \psi_M) = (M-1) D_- \psi_M$$
となって題意のようになる. これから M, $M-1$, $M-2$, $\cdots$ という系列ができる.

以上のことからわかるように, M は 1 だけ大きくなったり, 小さくなったりする. すなわち, D_z の固有値は 1 だけ増減する.

参考 D_z に対する行列 D_z の固有値の最大値を J, その固有関数を ψ_J とすれば, これ以上固有値は増やせないから $D_+ \psi_J = 0$ である. ψ_J に D_- を作用させ, 固有値を 1 だけ減らし, 以下同じような操作を繰り返すと最後に固有値の最小値 $J-n$ に達し $D_- \psi_{J-n} = 0$ となる. こうして $\psi_J, \psi_{J-1}, \psi_{J-2}, \cdots, \psi_{J-n}$ の関数系ができ D_z をこのような関数系で表現すると次のようになる.

$$D_z = \begin{array}{c} J \\ J-1 \\ \vdots \\ J-n \end{array} \begin{array}{cccc} J & J-1 & \cdots & J-n \end{array} \\ \left[\begin{array}{cccc} J & & & \\ & J-1 & & \\ & & \ddots & \\ & & & J-n \end{array} \right]$$

D_z は対角線的で対角線上以外の行列要素はすべて 0 である. 同じような表示で D_+, D_- がどう書けるかは次ページ以降で論じる.

D_+, D_- の構造　ψ_M をケットで表し $|M\rangle$ と書き，$\langle M | M'\rangle = \delta_{M,M'}$ の規格直交性が成り立つとする．演算子 X を表現するのに $X_{M,M'} = \langle M | X | M'\rangle$ とすれば D_+ は M を 1 だけ増やす演算子であるから，$M = M' + 1$ 以外の行列要素は 0 となり $M' = M - 1$ のとき $(D_+)_{M,M'} \neq 0$ である．このため D_+ は下記のような構造をもつ．ここで $*$ は 0 でない行列要素を表す．

$$D_+ = \begin{array}{c} \\ J \\ J-1 \\ J-2 \\ \vdots \\ J-n \end{array} \begin{array}{c} J \quad J-1 \quad J-2 \quad \cdots \quad J-n \\ \begin{bmatrix} 0 & * & 0 & \cdots & 0 \\ 0 & 0 & * & \ddots & \vdots \\ 0 & 0 & 0 & \ddots & 0 \\ \vdots & \vdots & \vdots & \ddots & * \\ 0 & 0 & 0 & \cdots & 0 \end{bmatrix} \end{array}$$

同様に，$M' = M + 1$ のとき $(D_-)_{M,M'} \neq 0$ と書け，その構造は次のようになる．

$$D_- = \begin{array}{c} \\ J \\ J-1 \\ J-2 \\ \vdots \\ J-n \end{array} \begin{array}{c} J \quad J-1 \quad J-2 \quad \cdots \quad J-n \\ \begin{bmatrix} 0 & 0 & 0 & \cdots & 0 \\ * & 0 & 0 & \ddots & \vdots \\ 0 & * & 0 & \ddots & 0 \\ \vdots & \ddots & \ddots & \ddots & \vdots \\ 0 & \cdots & 0 & * & 0 \end{bmatrix} \end{array}$$

D_+, D_- の行列要素　$f_M = (D_+)_{M,M-1}(D_-)_{M-1,M}$ とおくと $f_{J+1} = f_{J-n} = 0$ となる．この条件から $J = n/2$ であることがわかる（例題 4）．また

$$(D_+)_{M,M-1}(D_-)_{M-1,M} = (J+M)(J-M+1) \tag{7.18}$$

と求まる．$(D_+)_{M,M-1}$ と $(D_-)_{M-1,M}$ とは互いに共役複素数であり，上式はその絶対値の 2 乗に対する結果である．通常，$(D_+)_{M,M-1}$ と $(D_-)_{M-1,M}$ は実数とし

$$(D_+)_{M,M-1} = (D_-)_{M-1,M} = \sqrt{(J+M)(J-M+1)} \tag{7.19}$$

とする．(7.19) は次の関係と等価である（演習問題 3）．

$$D_+ \psi_M = \sqrt{(J+M+1)(J-M)}\, \psi_{M+1}, \tag{7.20}$$

$$D_- \psi_M = \sqrt{(J+M)(J-M+1)}\, \psi_{M-1} \tag{7.21}$$

また，次の結果，次式が導かれる（演習問題 4）．

$$\boldsymbol{D}^2 \psi_M = (D_x^2 + D_y^2 + D_z^2)\psi_M = J(J+1)\psi_M \tag{7.22}$$

7.2 昇降演算子の行列

例題 4 D_+, D_- の行列要素を求め，また J と n との関係を導け．

解 次の交換関係
$$D_+ D_- - D_- D_+ = 2D_z$$
の M, M 要素をとると
$$(D_+)_{M,M-1}(D_-)_{M-1,M} - (D_-)_{M,M+1}(D_+)_{M+1,M} = 2M$$
となる．ここで $f_M = (D_+)_{M,M-1}(D_-)_{M-1,M}$ とおくと，上式は
$$f_M - f_{M+1} = 2M$$
と書ける．ここで $f_{J+1} = 0$ に注意すると $f_J = 2J, f_{J-1} - f_J = 2(J-1), \cdots, f_M - f_{M+1} = 2M$ が得られる．これらの方程式を加えると
$$f_M = 2[J + (J-1) + \cdots + M] = 2[M + (M+1) + \cdots + J]$$
$$= [(J+M) + (J+M) + \cdots + (J+M)]$$
となる．$(J+M)$ という項は $(J-M+1)$ 個あるから
$$f_M = (J+M)(J-M+1)$$
となり，(7.19) が導かれる．上式からわかるように，$f_{J+1} = 0$ の条件は確かに満たされている．$f_M = (J+M)(J-M+1)$ に $M = J-n$ を代入すれば
$$f_{J-n} = (2J-n)(n+1)$$
となる．$(n+1) \neq 0$ であるから，$f_{J-n} = 0$ より $(2J-n) = 0$ が得られる．これから $J = n/2$ が導かれる．

参考 **極座標と球面調和関数** シュレーディンガー方程式を解く際，図 7.2 に示した**極座標**がよく使われる．水素原子のようにポテンシャルが r だけの関数の場合には波動関数が r だけの関数と角度に依存する部分の積として表され，後者を**球面調和関数**という．球面調和関数は2つのパラメーター l, m に依存し $Y_{lm}(\theta, \varphi)$ と書かれる．ここで l は 0 あるいは正の整数で
$$l = 0, 1, 2, 3, \cdots$$
と表される．一方，m は
$$m = l, l-1, l-2, \cdots, -l$$

図 7.2 極座標

の $(2l+1)$ 個の値をとる．球面調和関数は角運動量と関係し，古典的には $J = 0, 1, 2, 3, \cdots$ の場合だけが実現する．J が半整数（奇数を2で割ったもの）の場合は古典的には理解できず，スピンという概念が必要であるが，これは次節で論じる．

7.3 スピン

L_z, L^2 の固有値　D_z, D^2 をそれぞれ $\hbar$ 倍, $\hbar^2$ 倍すれば L_z, L^2 となる. 前節の例題 4 で学んだように $J = n/2$ で, $n = 0, 1, 2, \cdots$ であるから

$$J = 0, \frac{1}{2}, 1, \frac{3}{2}, 2, \cdots \tag{7.23}$$

などの値が可能である. D_z の固有値 M は最大値が J で, 1 ずつだけ減少し, 最小値は $J - 2n = -J$ となる. したがって, 結果を表すと次のようになる.

$$L_z\text{の固有値} = \hbar M, \quad M = J, J-1, \cdots, -J \tag{7.24}$$

$$\boldsymbol{L}^2\text{の固有値} = \hbar^2 J(J+1) \tag{7.25}$$

$L_z, \boldsymbol{L}^2$ を表す行列は $(n+1)$ 次元であるから, この次元数は $(2J+1)$ に等しい. (7.24) で述べたことは前節の球面調和関数での性質と一致する. すなわち, いまの J を l に置き換えれば, (7.24) は前の結果と一致する.

スピン角運動量　交換関係から見る限り $J = 1/2, 3/2, \cdots$ などの半整数が可能で, この角運動量を**スピン角運動量**（あるいは単に**スピン**）という. $\boldsymbol{L}$ と区別するため, スピン角運動量を通常 $\boldsymbol{S}$ の記号で表す. S_z の固有値は $\hbar$ の単位で

$$S, S-1, \cdots, -S+1, -S \quad (S = 0, 1/2, 1, 3/2, \cdots) \tag{7.26}$$

で与えられる. 素粒子はその粒子特有のスピンをもっていて, 質量, 電荷などとともに素粒子を特徴づける物理量である.

$S = 1/2$ の場合　陽子, 中性子, 電子, ニュートリノなどの S はいずれも 1/2 である. $\boldsymbol{S}$ を表す行列は 2 行 2 列で, 次のように書ける（例題 5）.

$$\boldsymbol{S} = \frac{\hbar}{2}\boldsymbol{\sigma} \tag{7.27}$$

$$\sigma_x = \begin{bmatrix} 0 & 1 \\ 1 & 0 \end{bmatrix}, \quad \sigma_y = \begin{bmatrix} 0 & -i \\ i & 0 \end{bmatrix}, \quad \sigma_z = \begin{bmatrix} 1 & 0 \\ 0 & -1 \end{bmatrix} \tag{7.28}$$

$\sigma_x, \sigma_y, \sigma_z$ を**パウリ行列**という.

g 因子　古典物理学によると, 軌道角運動量 $\boldsymbol{l}$ をもつ電子（質量 m, 電荷 $-e$）の磁気モーメントは $\boldsymbol{\mu} = -\dfrac{e\boldsymbol{l}}{2m}$ と表される. 一方, 電子の場合, スピン $\boldsymbol{S}$ に伴う磁気モーメントは

$$\boldsymbol{\mu} = -\frac{ge}{2m}\boldsymbol{S} \tag{7.29}$$

となる. g を **g 因子**といい, ディラックの理論によると $g = 2$ である.

7.3 スピン

例題 5 $S=1/2$ の場合の $\boldsymbol{S}$ が (7.27), (7.28) のように書けることを示せ．

解 $J=1/2$ のとき，$M=1/2, -1/2$ である．$D_z\psi_M = M\psi_M$ により

$$D_z\psi_{1/2} = \frac{1}{2}\psi_{1/2}, \quad D_z\psi_{-1/2} = -\frac{1}{2}\psi_{-1/2}$$

が成り立つ．$M=1/2$ の状態はそれ以上 M を増やせないので $D_+\psi_{1/2}=0$ となる．また，(7.20) で $J=1/2, M=-1/2$ とし

$$D_+\psi_{-1/2} = \sqrt{\left(\frac{1}{2}-\frac{1}{2}+1\right)\left(\frac{1}{2}+\frac{1}{2}\right)}\,\psi_{1/2} = \psi_{1/2}$$

となる．同様に (7.21) で $J=1/2, M=1/2$ とし

$$D_-\psi_{1/2} = \sqrt{\left(\frac{1}{2}+\frac{1}{2}\right)\left(\frac{1}{2}-\frac{1}{2}+1\right)}\,\psi_{-1/2} = \psi_{-1/2}$$

が得られる．こうして，D_z, D_+, D_- は次のように書ける．

$$D_z = \begin{bmatrix} 1/2 & 0 \\ 0 & -1/2 \end{bmatrix},\quad D_+ = \begin{bmatrix} 0 & 1 \\ 0 & 0 \end{bmatrix},\quad D_- = \begin{bmatrix} 0 & 0 \\ 1 & 0 \end{bmatrix}$$

$S_x = (\hbar/2)(D_+ + D_-)$, $S_y = (\hbar i/2)(D_- - D_+)$, $S_z = \hbar D_z$ に注意すれば題意が示される．

参考 **上向きスピンと下向きスピン** スピンが $1/2$ のとき，$S_z=1/2$ または $S_z=-1/2$ の状態をスピン上向きまたは下向きと称し α あるいは β の記号で表す．α,β は $\psi_{1/2}, \psi_{-1/2}$ に相当する．すなわち，$\psi_{1/2}=\alpha$ と記すが，これは $\alpha(1/2)=1, \alpha(-1/2)=0$ を意味する．一般に α を $\alpha(s)$ と表したとき s を**スピン座標**と呼ぶ．同じように $\psi_{-1/2}=\beta$ は $\beta(1/2)=0, \beta(-1/2)=1$ と書ける．あるいは，**列ベクトル**を使い

$$\alpha = \begin{bmatrix} 1 \\ 0 \end{bmatrix},\quad \beta = \begin{bmatrix} 0 \\ 1 \end{bmatrix}$$

と表してもよい．α,β はその成分が実数であるから規格直交性は

$$\sum_s \alpha^2(s) = \sum_s \beta^2(s) = 1, \quad \sum_s \alpha(s)\beta(s) = 0$$

と書け，定義からこれらが満たされていることは容易にわかる．一般的には，共役複素数をとった**行ベクトル**

$$\alpha^* = \begin{bmatrix} 1 & 0 \end{bmatrix},\quad \beta^* = \begin{bmatrix} 0 & 1 \end{bmatrix}$$

を導入し，次の関係

$$\alpha^*\alpha = \begin{bmatrix} 1 & 0 \end{bmatrix}\begin{bmatrix} 1 \\ 0 \end{bmatrix}\begin{bmatrix} 1 \end{bmatrix} = \mathbf{1},\quad \alpha^*\beta = \begin{bmatrix} 1 & 0 \end{bmatrix}\begin{bmatrix} 0 \\ 1 \end{bmatrix}\begin{bmatrix} 0 \end{bmatrix} = \mathbf{0}$$

に注意すればよい．

7.4 量子統計

ボース統計とフェルミ統計　スピンの大きさ S が

$$S = 0, 1, 2, \cdots \tag{7.30a}$$

というように 0 あるいは正の整数をもつ粒子はボース統計に従い，その粒子を**ボース粒子**または**ボソン**という．ヘリウム 4 原子は $S=0$，光子は $S=1$ の値をもちいずれもボース粒子である．これに対し

$$S = \frac{1}{2}, \frac{3}{2}, \cdots \tag{7.30b}$$

といった半整数（奇数を 2 で割ったもの）の S をもつ粒子はフェルミ統計に従い，その粒子を**フェルミ粒子**または**フェルミオン**という．陽子，中性子，電子，ヘリウム 3 原子などはフェルミ粒子である．両者の統計をまとめ**量子統計**という．

波動関数の対称性　同じ量子統計に従う多数の粒子があるとき，全体の波動関数は粒子の交換に対しある種の対称性をもつ．空間座標 r とスピン座標 s をまとめて x で表し，例えば粒子 1 に対する x_1 を 1 と書く．2 個の粒子を考えたとき

$$\psi(2,1) = \psi(1,2) \quad \text{（ボース）} \tag{7.31a}$$

$$\psi(2,1) = -\psi(1,2) \quad \text{（フェルミ）} \tag{7.31b}$$

となる．一般に P は $1, 2, \cdots, N$ を $i_1, i_2, \cdots, i_N$ に置き換える操作を表すとき

$$P\psi(1, 2, \cdots, N) = \psi(1, 2, \cdots, N) \quad \text{（ボース）} \tag{7.32a}$$

$$P\psi(1, 2, \cdots, N) = (-1)^{\delta(P)} \psi(1, 2, \cdots, N) \quad \text{（フェルミ）} \tag{7.32b}$$

である．ただし，$\delta(P)$ は P が偶置換なら偶数，P が奇置換なら奇数を表す．

自由粒子の場合　自由粒子の場合には，系のハミルトニアン H は粒子の質量を m とし $H = -(\hbar^2/2m)(\Delta_1 + \Delta_2 + \cdots + \Delta_N)$ と表される．シュレーディンガー方程式 $H\psi = E\psi$ の数学的な解は

$$\psi = \psi_{r_1}(1)\psi_{r_2}(2)\cdots\psi_{r_N}(N) \tag{7.33}$$

で与えられる．ここで $-(\hbar^2/2m)\Delta\psi_{r_i} = (\hbar^2 k^2/2m)\psi_{r_i}$ を意味し，r は波数 k とスピンの状態をまとめて表す記号である．r で決められる状態を**一粒子状態**という．(7.33) の波動関数に対する全系のエネルギー E は

$$E = e_{r_1} + e_{r_2} + \cdots + e_{r_N} \tag{7.34}$$

と書ける．ここで e_r は一粒子状態 r に対するエネルギーである．フェルミ統計の場合，対称性を満たす波動関数は**スレーター行列式**で表され，1 つの量子状態に収容できる粒子数は高々 1 である．これを**パウリの原理**という．

フェルミ面と物性

　物質の性質（**物性**）はフェルミ統計と密接な関係をもつ．それは物質の構成粒子の 1 つの電子がフェルミ粒子であるためによる．この基本的な概念を掴むのに一粒子状態のスピンを除くエネルギー準位が図 7.3 のように与えられているとする．電子のスピンは 1/2 なので，基底状態を求めるには 1 つの準位に上向きスピン，下向きスピンを収納し，エネルギーの低い方から順に詰めていけばよい．このような性質の応用として原子の構造を考えてみよう．ヘリウム

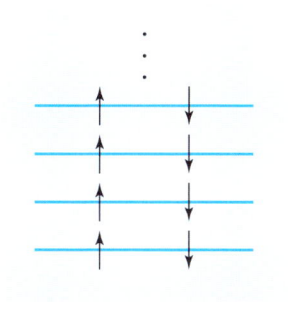

図 7.3　基底状態

（原子番号 2），ネオン（原子番号 10），アルゴン（原子番号 18），クリプトン（原子番号 36），キセノン（原子番号 54），ラドン（原子番号 86）は**希ガス**と呼ばれ，化学的に不活発で他の元素と化合する傾向をもたない．これらの性質は図 7.3 のような考察から理解することができる．著者が液体論を学びはじめた頃，水はもっともありふれた液体と思っていたが水は難しい物質で，例としてアルゴンを扱かった場合が多くびっくりした．それはアルゴンの場合，原子が真ん丸で異方性がないことによる．

　固体中の電子は十分な近似で自由電子で記述することができ，上記のような方法で基底状態が決められる．その結果，電子の詰まった部分と電子の空の部分の境界は波数空間である種の曲面を形成する．これを**フェルミ面**という．自由粒子の場合，フェルミ面は次のような考えから求まる．自由電子のエネルギーは $\hbar^2 k^2 / 2m$ と表され（m は電子の質量），波数空間で原点を中心として球対称で k の増加関数となる．よって，適当な波数 k_F が存在し，$k < k_F$ で電子は詰まり，$k > k_F$ で電子は空となる．このためフェルミ面は原点 O を中心とし半径 k_F の球面となる．k_F を**フェルミ波数**という．自由電子の波動関数は平面波として表され，p.7 で述べたように，1 辺の長さ L の立方体の箱（体積 $V = L^3$）で周期的境界条件を導入すると波数空間中の微小体積 $\Delta \boldsymbol{k}$ 中の状態数は

$$\frac{V \Delta \boldsymbol{k}}{(2\pi)^3}$$

で与えられる．箱中に N 個の電子が存在するとすれば，上向き，下向きの 2 つのスピンの可能性を考慮し，フェルミ面中の波数空間の可能な量子状態の数は

$$\frac{2V}{(2\pi)^3} \frac{4\pi k_F^3}{3} = \frac{V k_F^3}{3\pi^2}$$

と書ける．上の関係から k_F は

$$k_F = (3\pi^2 \rho)^{1/3}, \quad \rho = \frac{N}{V}$$

と表される（ρ は電子の数密度である）．実際には結晶格子の作る周期場のためフェルミ面は球面と異なる．フェルミ面は金属の力学的性質，光学的性質，熱的性質，電気的性質，磁気的性質などに深く関わっている．

例題 6　N 個のフェルミ粒子が $r_1, r_2, \cdots, r_N$ の一粒子状態を占めるとする．これらの粒子は自由粒子であると仮定したとき，以下のスレーター行列式

$$\psi(1, 2, \cdots, N) = \frac{1}{\sqrt{N!}} \begin{vmatrix} \psi_{r_1}(1) & \cdots & \psi_{r_1}(N) \\ \vdots & \vdots & \vdots \\ \psi_{r_N}(1) & \cdots & \psi_{r_N}(N) \end{vmatrix}$$

は (7.34) のエネルギー固有値をもつ全系のシュレーディンガー方程式の解であり，かつ量子統計の要求を満たすことを示せ．またこの波動関数は規格化されていること，すなわち

$$\int_V \psi^*(1, 2, \cdots, N) \psi(1, 2, \cdots, N) d\tau_1 d\tau_2 \cdots d\tau_N = 1$$

が成り立つことを証明せよ．ただし，個々の一粒子状態を表す波動関数は

$$\int_V \psi_{r_i}^*(1) \psi_{r_j}(1) d\tau_1 = \delta_{ij}$$

の規格直交性を満たすとする．ここで $d\tau$ は領域 V 内の空間座標に関する積分とスピン座標に対する和で

$$\int_V d\tau = \int_V \sum_s dV$$

と定義される．

解　粒子の質量を m とすれば全系のハミルトニアンは

$$H = -\frac{\hbar^2}{2m}(\Delta_1 + \Delta_2 + \cdots + \Delta_N)$$

と書ける．これは $1, 2, \cdots, N$ を入れ替える変換 P に対して不変である．したがって，(7.33) の $1, 2, \cdots, N$ を入れ替えた

$$P \psi_{r_1}(1) \psi_{r_2}(2) \cdots \psi_{r_N}(N)$$

も同じ

$$E = e_{r_1} + e_{r_2} + \cdots + e_{r_N}$$

のエネルギー固有値をもつ全系のシュレーディンガー方程式の解となる．スレーター行列式はこのような解の一次結合であるからシュレーディンガー方程式を満たす．$3, 4, \cdots, N$ をそのままに保ち $1 \rightleftarrows 2$ の交換を行うとスレーター行列式で第 1 行と第 2 行が入れ替わり行列式の性質により $\psi(1, 2, \cdots, N)$ は符号を変える．一般の場合でも同じで (7.32b) の性質が満足されている．

スレーター行列式の規格性を見るため次式で定義される I を考察する．

$$I = \int_V \psi^*(1, 2, \cdots, N) \psi(1, 2, \cdots, N) d\tau_1 d\tau_2 \cdots d\tau_N$$

スレーター行列式の定義を代入すれば

$$I = \frac{1}{N!}\int_V \begin{vmatrix} \psi_{r_1}^*(1) & \cdots & \psi_{r_1}^*(N) \\ \vdots & \vdots & \vdots \\ \psi_{r_N}^*(1) & \cdots & \psi_{r_N}^*(N) \end{vmatrix} \begin{vmatrix} \psi_{r_1}(1) & \cdots & \psi_{r_1}(N) \\ \vdots & \vdots & \vdots \\ \psi_{r_N}(1) & \cdots & \psi_{r_N}(N) \end{vmatrix} d\tau_1\cdots d\tau_N$$

となる．右側の行列式を定義式に従い展開すれば，上式は

$$\frac{1}{N!}\int_V \begin{vmatrix} \psi_{r_1}^*(1) & \cdots & \psi_{r_1}^*(N) \\ \vdots & \vdots & \vdots \\ \psi_{r_N}^*(1) & \cdots & \psi_{r_N}^*(N) \end{vmatrix} \sum_P (-1)^{\delta(P)}\psi_{r_1}(i_1)\cdots\psi_{r_N}(i_N)d\tau_1\cdots d\tau_N$$

に等しい．P として例えば $3,4,\cdots,N$ はそのままで $1 \rightleftarrows 2$ の交換の場合を考えると，P は奇置換であるから $(-1)^{\delta(P)}$ は -1 となる．一方，積分変数の変換を行い $1 \rightleftarrows 2$ の交換を導入すれば左側の行列式の符号が変わり，上の -1 が結局 $+1$ となる．同じことが上式の $N!$ 個のすべての項に成り立ちこれは分母の $N!$ と打ち消しあう．こうして

$$I = \int_V \begin{vmatrix} \psi_{r_1}^*(1) & \cdots & \psi_{r_1}^*(N) \\ \vdots & \vdots & \vdots \\ \psi_{r_N}^*(1) & \cdots & \psi_{r_N}^*(N) \end{vmatrix} \psi_{r_1}(1)\psi_{r_2}(2)\cdots\psi_{r_N}(N)d\tau_1\cdots d\tau_N$$

が得られる．ここで，上の行列式を展開すれば

$$I = \sum_P (-1)^{\delta(P)} \int_V \psi_{r_1}^*(i_1)\cdots\psi_{r_N}^*(i_N)\psi_{r_1}(1)\cdots\psi_{r_N}(N)d\tau_1\cdots d\tau_N$$

となる．一粒子状態の直交性を考慮すると上記の P で積分結果が 0 とならないのは P が恒等変換，すなわち

$$P = \begin{pmatrix} 1 & 2 & \cdots & N \\ 1 & 2 & \cdots & N \end{pmatrix}$$

のときだけで，一粒子状態の規格性によりこのとき $I = 1$ となる．

参考　パーマネント　これまでの議論の (-1) を $+1$ に置き換えるとボース粒子の場合をとり扱うことになる．スレーター行列式の $|\ |$ を $|\ |_+$ に変える記号を導入しこれをパーマネントという．スレーター行列式の場合にはすべての r_i が異なるという制限がつくが，パーマネントにはこのような制限はつかない．ある種のパーマネントは行列式で表され，この性質を使って物理の問題を解くことがある．

演習問題
第7章

1. L_+, L_- は互いにエルミート共役であることを証明せよ．すなわち，
$L_+^\dagger = L_-,\ L_-^\dagger = L_+$ であることを示せ．

2. $[L_z, L_+] = \hbar L_+$ のエルミート共役をとり
$$[L_z, L_-] = -\hbar L_-$$
の関係を導け．

3. (7.20), (7.21) は (7.19) と等価であることを証明せよ．なお，(7.19) を導くとき $(D_+)_{M,M-1}$ は実数であると仮定したが，それが複素数の場合にはどんな結果が得られるか．

4. $\boldsymbol{D}^2 = (D_x^2 + D_y^2 + D_z^2)$ とおく．次の問に答えよ．
   (a) 次の関係を証明せよ．
   $$\boldsymbol{D}^2 = D_+ D_- - D_z + D_z^2$$
   (b) 次の等式を導け．
   $$\boldsymbol{D}^2 \psi_M = J(J+1)\psi_M$$

5. パウリの行列に関する次の性質を証明せよ．
$$\sigma_x^2 = \sigma_y^2 = \sigma_z^2 = \boldsymbol{1}$$
$$\sigma_x\sigma_y + \sigma_y\sigma_x = \boldsymbol{0},\quad \sigma_y\sigma_z + \sigma_z\sigma_y = \boldsymbol{0},\quad \sigma_z\sigma_x + \sigma_x\sigma_z = \boldsymbol{0}$$
ここで $\boldsymbol{1}, \boldsymbol{0}$ はそれぞれ 2×2 の単位行列，$\boldsymbol{0}$ 行列を意味する．ただし，すべての行列要素が 0 である行列を $\boldsymbol{0}$ 行列という．

6. 任意の 2×2 の行列は $\boldsymbol{1}, \sigma_x, \sigma_y, \sigma_z$ の一次結合で表されること，すなわち A, B, C, D を適当な定数とするときそれは
$$A\boldsymbol{1} + B\sigma_x + C\sigma_y + D\sigma_z$$
と書けることを証明せよ．

7. フェルミ面上の電子のエネルギーをフェルミエネルギーといい，普通 E_F と書く．自由電子の E_F を $m, \hbar, \rho$ の関数として求めよ．

8. 自由電子の基底状態のエネルギーは 1 電子当たり $(3/5)E_\text{F}$ であることを証明せよ．

9. 1 モルの銀 (108 g) は 10.3 cm^3 の体積を占める．この事実を利用して銀中の自由電子のフェルミ波数，フェルミエネルギーを求めよ．

10. フェルミエネルギーを温度に換算し $E_\text{F} = k_\text{B}T_\text{F}$ で定義される T_F をフェルミ温度あるいは縮退温度という (k_B はボルツマン定数)．$T \ll T_\text{F}$ の場合，事実上 $T = 0$ とみなしてよい．銀の T_F を求めよ．

第8章

近似方法

　量子力学の問題がいつも厳密に解けるとは限らない．むしろ解けないのが普通である．このため適当な近似方法を導入する必要がある．一般的でもっとも簡単なものは摂動論で，定常かつ縮退がない場合をまずとり扱う．厳密解がわかるハミルトニアンを H_0 とし小さなパラメーター λ に対するハミルトニアン $H = H_0 + \lambda H'$ の解を λ のべき級数に展開するのが摂動論のアイディアである．H_0 のエネルギー固有値 E_0 に対し n 個 $(n \geq 2)$ の独立な固有関数が存在するとき n 重の縮退があるという．縮退があるときの摂動論について述べる．体系の基底状態を求める1つの方法は変分原理を利用することでこのような方法を論じる．摂動論的な非定常な場合に拡張でき，その応用例としてボルン近似を紹介する．

本章の内容
- 8.1　定常，非縮退の場合の摂動論
- 8.2　定常，縮退の場合の摂動論
- 8.3　変　分　法
- 8.4　非定常な場合の摂動論

8.1 定常，非縮退の場合の摂動論

摂動論の基本的な考え方　エネルギー固有値を決めるべきシュレーディンガー方程式が厳密に解けるのは少数の例だけである．ハミルトニアン H が

$$H = H_0 + \lambda H' \tag{8.1}$$

という形に書け，パラメーター λ が小さいとき固有関数や固有値は λ のべき展開で表されると考えられる．このような前提のもとで問題を処理する考え方を一般に**摂動論**，H_0 を非摂動系のハミルトニアン，H' を摂動ハミルトニアンという．

摂動展開　(8.1) のハミルトニアンに対するシュレーディンガー方程式は

$$H\psi = W\psi \quad \therefore \quad (H_0 + \lambda H')\psi = W\psi \tag{8.2}$$

と表される．ただし，以下，非摂動系のエネルギー固有値を E と書くので，これと区別するため H に対するエネルギー固有値を W と記した．摂動論では ψ, W は λ のべき級数で展開できるとし

$$\psi = \psi_0 + \lambda \psi_1 + \lambda^2 \psi_2 + \cdots \tag{8.3}$$

$$W = W_0 + \lambda W_1 + \lambda^2 W_2 + \cdots \tag{8.4}$$

とする．この種の展開を**摂動展開**という．

0次の項　$\lambda = 0$ のとき (8.2) に (8.3), (8.4) を代入すると $H_0 \psi_0 = W_0 \psi_0$ が成り立つので，ψ_0 は H_0 の固有関数である．議論の出発点とし $\psi_0 = u_n, W_0 = E_n$ とする．ただし，u_n は H_n の固有関数で，領域 V 内で規格直交系を構成し

$$(u_j, u_k) = \int_V u_j^* u_k dV = \delta_{jk} \tag{8.5}$$

を満たすとする．E_n は H_0 のエネルギー固有値でこれを**非摂動エネルギー**という．また，状態 n は縮退していないと仮定しよう．縮退がある場合については次節で論じる．さらに，H' の行列要素を次式で定義する．

$$H'_{jk} = \int_V u_j^* H' u_k dV \tag{8.6}$$

1次の摂動項，2次の摂動項　エネルギーに対する1次の摂動項 W_1 と2次の摂動項 W_2 はそれぞれ

$$W_1 = H'_{nn} \tag{8.7}$$

$$W_2 = {\sum_m}' \frac{H'_{nm} H'_{mn}}{E_n - E_m} \tag{8.8}$$

で与えられる（例題1）．ただし，(8.8) で $\sum$ につけた $'$ は m で和をとるとき $m \neq n$ であることを意味する．

8.1 定常，非縮退の場合の摂動論

例題 1 非摂動系に縮退がない場合，エネルギーの摂動展開を λ^2 の項まで，固有関数の摂動展開を λ の項まで求めよ．

解 (8.3), (8.4) を (8.2) に代入すれば

$$(H_0 + \lambda H')(\psi_0 + \lambda \psi_1 + \lambda^2 \psi_2 + \cdots)$$
$$= (W_0 + \lambda W_1 + \lambda^2 W_2 + \cdots)(\psi_0 + \lambda \psi_1 + \lambda^2 \psi_2 + \cdots)$$

となる．上式両辺の $\lambda^0, \lambda, \lambda^2$ の項を比較して次式が得られる．

$$H_0 \psi_0 = W_0 \psi_0 \tag{1}$$
$$H_0 \psi_1 + H' \psi_0 = W_0 \psi_1 + W_1 \psi_0 \tag{2}$$
$$H_0 \psi_2 + H' \psi_1 = W_0 \psi_2 + W_1 \psi_1 + W_2 \psi_0 \tag{3}$$

(1) から $\psi_0 = u_n, W_0 = E_n$ となる．また，$u_1, u_2, \cdots$ が完全系を構成すると仮定すれば ψ_1 は

$$\psi_1 = \sum_m a_m u_m \tag{4}$$

と展開され，(2) に代入して次式が導かれる (演習問題 1)．

$$(E_n - E_k)a_k + W_1 \delta_{nk} = H'_{kn} \tag{5}$$

$k = n$ とおけば $W_1 = H'_{nn}$ となって (8.7) が得られる．また $k \neq n$ として (5) から $a_k = H'_{kn}/(E_n - E_k)$ が求まる．(5) からは a_n は決まらず，これは不定な量となる．同様に

$$\psi_2 = \sum_m b_m u_m \tag{6}$$

として (3) から次式が得られる (演習問題 1)．

$$(E_n - E_k)b_k + W_1 a_k + W_2 \delta_{nk} = \sum_m a_m H'_{km} \tag{7}$$

(7) で $k = n$ とすれば，次のように

$$W_2 = \sum_m a_m H'_{nm} - W_1 a_n = \sum_m a_m H'_{nm} - H'_{nn} a_n$$
$$= {\sum_m}' a_m H'_{nm} = {\sum_m}' \frac{H'_{nm} H'_{mn}}{E_n - E_m}$$

になって (8.8) が導かれる．

参考 W_2 **の符号** H' はエルミート演算子で $H'_{nm}{}^* = H'_{mn}$ が成り立ち，$H'_{nm} H'_{mn} = |H'_{nm}|^2 \geqq 0$ と書ける．非摂動系の基底状態のエネルギーを E_0 とすれば，この状態が縮退していないとき $(E_0 - E_m) < 0$ となる．したがって，次の関係が成り立ち

$$W_2 = {\sum_m}' \frac{|H'_{nm}|^2}{E_0 - E_m} \leqq 0$$

W_2 は正となることはない．

8.2 定常，縮退の場合の摂動論

エネルギー分母の消失　シュレーディンガー方程式のエネルギー固有値を求める際，前節では非摂動系の定常状態には縮退がないとした．縮退があると，摂動ハミルトニアンが加わるとき，一般に縮退が解け縮退度に相当するエネルギー準位の分裂が起こる（図 8.1）．ハミルトニアン $H_0 + \lambda H'$ のエネルギー固有値を $W_{n\alpha}$ と書き，この準位は $\lambda = 0$ のとき k 重に縮退していると

図 8.1　縮退があるときのエネルギー準位

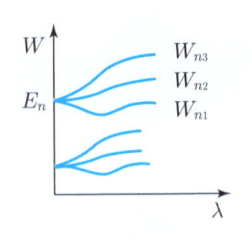

する．α は縮退を記述する記号である（$\alpha = 1, 2, \cdots, k$）．図 8.1 では $k = 3$ のエネルギー準位が示されている．縮退のある準位には (8.8)（p.104）は適用できない．なぜなら縮退した状態に対する非摂動系のエネルギー分母は 0 となり H'_{nm} が 0 でない限り，W_2 は ∞ となってしまうからである．

第 0 近似の固有関数　$W_{n\alpha}$ を λ で展開したとき

$$W_{n\alpha} = E_n + \lambda W^{(1)}_{n\alpha} + \lambda^2 W^{(2)}_{n\alpha} + \cdots \tag{8.9}$$

と表されるとする．注目する体系では H_0 に対するシュレーディンガー方程式

$$H_0 u = E_0 u \tag{8.10}$$

と書けるが，その解を $u_{n1}, u_{n2}, \cdots, u_{nk}$ とする．これらの一次結合

$$v_{n\alpha} = \sum_\beta C_{\alpha\beta} u_\beta \tag{8.11}$$

も u と同様，固有値 E_0 をもつ H の固有関数である．これらは**第 0 近似の固有関数**といえるが，係数 $C_{\alpha\beta}$ を適当に選び摂動展開ができるようにする．

永年方程式　$\psi_{n\alpha}$ を

$$\psi_{n\alpha} = v_{n\alpha} + \lambda \psi^{(1)}_{n\alpha} + \cdots \tag{8.12}$$

とおく．その結果，$W^{(1)}_{n\alpha}$ は次の**永年方程式**を満たすことがわかる（例題 2）．

$$\begin{vmatrix} H'_{11} - W^{(1)} & H'_{12} & \cdots & H'_{1k} \\ H'_{21} & H'_{22} - W^{(1)} & \cdots & H'_{2k} \\ \vdots & \vdots & \cdots & \vdots \\ H'_{k1} & H'_{k2} & \cdots & H'_{kk} - W^{(1)} \end{vmatrix} = 0 \tag{8.13}$$

8.2 定常, 縮退の場合の摂動論

例題 2 エネルギーの 1 次の摂動項を求める (8.13) の永年方程式を導け.

解 ハミルトニアンは

$$H = H_0 + \lambda H' \tag{1}$$

で与えられる. エネルギー固有値は (8.9) により

$$W_{n\alpha} = E_n + \lambda W_{n\alpha}^{(1)} + \cdots \tag{2}$$

と書ける. 固有関数 $\psi_{n\alpha}$ を

$$\psi_{n\alpha} = v_{n\alpha} + \lambda \psi_{n\alpha}^{(1)} + \cdots \tag{3}$$

という形に仮定して (1), (2), (3) の関係を

$$H\psi_{n\alpha} = W_{n\alpha}\psi_{n\alpha} \tag{4}$$

の定常状態を求めるべきシュレーディンガー方程式に代入すると

$$\begin{aligned}(H_0 + \lambda H')(v_{n\alpha} + \lambda \psi_{n\alpha}^{(1)} + \cdots) \\ = (E_n + \lambda W_{n\alpha}^{(1)} + \cdots)(v_{n\alpha} + \lambda \psi_{n\alpha}^{(1)} + \cdots)\end{aligned} \tag{5}$$

が得られる. λ^0 次の項は左辺と右辺で打ち消し合う. λ の項は

$$H_0 \psi_{n\alpha}^{(1)} + H' v_{n\alpha} = W_{n\alpha}^{(1)} v_{n\alpha} + E_n \psi_{n\alpha}^{(1)}$$

となり, これを変形すれば

$$(H_0 - E_n)\psi_{n\alpha}^{(1)} = W_{n\alpha}^{(1)} v_{n\alpha} - H' v_{n\alpha} \tag{6}$$

が得られる. H_0 はエルミート演算子であり

$$\langle u_{n\gamma} | H_0 | \psi_{n\alpha}^{(1)} \rangle^* = \langle \psi_{n\alpha}^{(1)} | H_0 | u_{n\gamma} \rangle = E_n \langle \psi_{n\alpha}^{(1)} | u_{n\gamma} \rangle = E_n \langle u_{n\gamma} | \psi_{n\alpha}^{(1)} \rangle^*$$

が成り立つ. 上式の共役複素数をとると E_n は実数であるから

$$\langle u_{n\gamma} | H_0 | \psi_{n\alpha}^{(1)} \rangle = E_n \langle u_{n\gamma} | \psi_{n\alpha}^{(1)} \rangle \qquad \therefore \quad \int_V u_{n\gamma}^* (H_0 - E_n) \psi_{n\alpha}^{(1)} dV = 0$$

と書ける. 上式を利用し, (6) の左側から $u_{n\gamma}^*$ を掛け, 領域 V 内で積分すると

$$\langle u_{n\gamma} | H' | v_{n\alpha} \rangle - W_{n\alpha}^{(1)} \langle u_{n\gamma} | v_{n\alpha} \rangle = 0 \tag{7}$$

となる. (8.11) を代入し, u は規格直交系を構成すると仮定すれば

$$\sum_\beta C_{\alpha\beta} \langle u_{n\gamma} | H' | u_{n\beta} \rangle - W_{n\alpha}^{(1)} C_{\alpha\gamma} = 0 \qquad \therefore \quad \sum_\beta C_{\alpha\beta} H'_{\gamma\beta} - W_{n\alpha}^{(1)} C_{\alpha\gamma} = 0$$

と表される ($H'_{\gamma\beta}$ で記号 n は省略した). α を一定にし $\gamma = 1, 2, \cdots, k$ とおけば

$$\begin{aligned}[H'_{11} - W_{n\alpha}^{(1)}] C_{\alpha 1} + H'_{12} C_{\alpha 2} + \cdots \quad + H'_{1k} C_{\alpha k} &= 0 \\ H'_{21} C_{\alpha 1} + [H'_{22} - W_{n\alpha}^{(1)}] C_{\alpha 2} + \cdots + H'_{2k} C_{\alpha k} &= 0 \\ \vdots \qquad\qquad\qquad& \\ H'_{k1} C_{\alpha 1} + H'_{k2} C_{\alpha 2} + \cdots + [H'_{kk} - W_{n\alpha}^{(1)}] C_{\alpha k} &= 0\end{aligned}$$

と表される. $C_{\alpha 1}, C_{\alpha 2}, \cdots, C_{\alpha k}$ は同時に 0 でないため係数の作る行列式は 0 となりこの条件から (8.13) が求まる.

8.3 変分法

変分原理　シュレーディンガー方程式を解く1つの方法は**変分原理**を適用することである．任意の関数 ψ は規格化されていて $(\psi,\psi)=1$ であるとする．すなわち，領域 V 内での体系を考えるとすれば

$$\int_V \psi^*\psi dV = 1 \tag{8.14}$$

が成り立つ（以後簡単のため添字 V を省略する）．この条件下で $(\psi,H\psi)$ が極値をもつ（極大あるいは極小になる）よう ψ を選んだとする．(8.14) のような条件つきの場合，ラグランジュの未定定数 W を使い，この極値問題は ψ の汎関数

$$I[\psi] = \int(\psi^*H\psi - W\psi^*\psi)dV \tag{8.15}$$

を極値にするのと同等になる．$\psi^* \to \psi^* + \delta\psi^*$ の変分に対し

$$\delta I = \int \delta\psi^*(H\psi - W\psi)dV = 0 \tag{8.16}$$

が得られる．$\delta\psi^*$ は任意であるから $H\psi - W\psi = 0$ となって，以上のような変分原理からシュレーディンガー方程式の解が求まり，W はエネルギー固有値を表す．ψ^* は ψ の共役複素数であるが，上の議論で両者は独立かのようにみなす．

基底状態の場合　変分法が特に便利なのは基底状態の場合である．任意の関数（変分法では**試行関数**という）ψ を

$$\psi = \sum A_n\psi_n, \quad H\psi_n = W_n\psi_n \tag{8.17}$$

と表す．ψ_n はシュレーディンガー方程式の固有関数だがこれは規格直交系を構成するとし $(\psi_m,\psi_n)=\delta_{mn}$ であるとする．その結果

$$\int \psi^*H\psi dV = \sum_{mn}\int A_m^*\psi_m^* H A_n \psi_n dV = \sum_n W_n|A_n|^2 \geqq W_0\sum_n|A_n|^2$$

となる（W_0 は基底状態のエネルギー）．上式から

$$W_0 \leqq \frac{\int \psi^* H\psi dV}{\int \psi^*\psi dV} \tag{8.18}$$

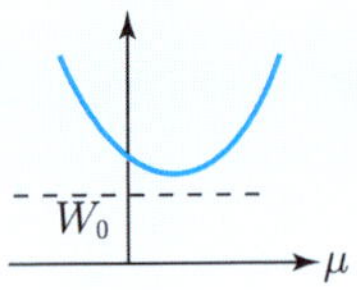

が得られる．普通，試行関数は適当なパラメーター（**変分パラメーター**）をもつとする．このパラメーターを μ としたとき，(8.18) の右辺が μ の関数として図 8.2 の曲線のように表されるとする．この曲線の最小になる点が W_0 の最良の上限となる．

図 8.2　変分法

8.3 変分法

例題 3 水素原子の基底状態を扱うのに
$$\psi = Ce^{-\mu^2 r^2} \tag{1}$$
という試行関数を用い，μ を変分パラメーターとする．変分法を利用して基底状態のエネルギーの近似値を求めよ．

解 換算質量は電子の質量 m に等しいとすれば，ハミルトニアン H は
$$H = -\frac{\hbar^2}{2m}\left(\frac{\partial^2}{\partial r^2} + \frac{2}{r}\frac{\partial}{\partial r} + \frac{\Lambda}{r^2}\right) - \frac{e^2}{4\pi\varepsilon_0 r}$$
と書ける．Λ は角度を含む演算子なので［例えば阿部龍蔵著：新・演習 量子力学（サイエンス社）2005, p.46］，いまのように球対称な関数では $\Lambda = 0$ としてよい．(8.18) の右辺を $I(\mu)$ とおけば，(1) 中の C は分母，分子で打ち消し合い
$$I(\mu) = \frac{\int_0^\infty e^{-\mu^2 r^2}(He^{-\mu^2 r^2}) r^2 dr}{\int_0^\infty e^{-2\mu^2 r^2} r^2 dr} \tag{2}$$
と書ける．(2) を具体的に計算し，多少整理すると
$$I(\mu) = \frac{3\hbar^2}{2m}\left(\mu - \frac{2m}{3\hbar^2}\frac{e^2}{4\pi\varepsilon_0}\sqrt{\frac{2}{\pi}}\right)^2 - \frac{4}{3\pi}\frac{m}{\hbar^2}\left(\frac{e^2}{4\pi\varepsilon_0}\right)^2$$
となる（演習問題 3）．上記の $I(\mu)$ を最小にするには右辺第 1 項が 0 になるよう μ を選べばよい．このときの $I(\mu)$ を $I_{\min}$ と書けば $I_{\min}$ は W_0 の近似値となり
$$I_{\min} = -\frac{4}{3\pi}\frac{m}{\hbar^2}\left(\frac{e^2}{4\pi\varepsilon_0}\right)^2 \tag{3}$$
と表される．

参考 **厳密な波動関数とエネルギー固有値** 水素原子の基底状態の全空間で規格化された波動関数は
$$\psi(r) = \frac{1}{\sqrt{\pi a^3}} e^{-r/a} \tag{4}$$
で与えられる．(4) で r は陽子，電子間の距離，a はボーア半径を表す．これに対応するエネルギー W_0 は
$$W_0 = -\frac{1}{2}\frac{m}{\hbar^2}\left(\frac{e^2}{4\pi\varepsilon_0}\right)^2 \tag{5}$$
と求められている．試行関数 (1) の関数形は厳密解の (4) と異なり，このため現在の試行関数は W_0 の近似値となる．(3), (5) の物理量に対する依存性は同じであるが，(3) で $4/3\pi = 0.435\cdots$ なので，W_0 の近似値は正確な値のほぼ 90% 程度である．

励起状態に対する変分原理　これまで試行関数は任意で，(8.18)（p.108）の右辺が最小になるよう適当に試行関数を選んできた．もし，(8.18) の右辺があらゆる関数の中で本当に最小であれば，仮定された試行関数は基底状態の厳密解である．このような関数が厳密に見つかったとし，それを ψ_0 とする．考えている系のハミルトニアンを H とし基底状態のエネルギーを W_0 とすれば

$$H\psi_0 = W_0\psi_0 \tag{8.19}$$

が成り立つ．ここで H の励起状態を

$$\psi_1,\ \psi_2,\ \psi_3,\ \cdots \tag{8.20}$$

とし，それに対応するエネルギーを

$$W_1,\ W_2,\ W_3,\ \cdots \tag{8.21}$$

とする．すなわち

$$H\psi_n = W_n\psi_n \quad (n \neq 0) \tag{8.22}$$

と仮定する．ただし，ψ_n は規格直交系を構成する．また，縮退はないとし

$$W_1 < W_2 < W_3 < \cdots \tag{8.23}$$

とする．ψ_0 と直交する試行関数 ψ を

$$\psi = {\sum}' A_n \psi_n \tag{8.24}$$

と表す．p.108 と同様の議論を繰り返すと

$$\int \psi^* H \psi dV = \sum_{mn} \int A_m^* \psi_m^* H A_n \psi_n dV = {\sum_n}' W_n |A_n|^2 \geqq W_1 {\sum_n}' |A_n|^2$$

となる（$\sum$ につけた $'$ は $n=0$ の項の除外を意味する）．上式から

$$W_1 \leqq \frac{\int \psi^* H \psi dV}{\int \psi^* \psi dV} \tag{8.25}$$

が得られる．すなわち，第 1 励起状態を求めるには ψ_0 と直交する範囲内で通常の変分法を適用すればよい．

自由粒子への応用　自由粒子では運動量は運動の定数で，シュレーディンガー方程式の解は平面波 $e^{i\boldsymbol{k}\cdot\boldsymbol{r}}/\sqrt{V}$ で与えられる．基底状態は $\boldsymbol{k}=\boldsymbol{0}$ の場合に相当し規格化された波動関数 ψ_0 は $\psi_0 = 1/\sqrt{V}$ と書ける．励起状態は $e^{i\boldsymbol{k}\cdot\boldsymbol{r}}/\sqrt{V}\ (\boldsymbol{k} \neq \boldsymbol{0})$ となり，この波動関数は ψ_0 と直交する．すなわち，励起状態は次式からわかるように，基底状態と直交する．

$$\int_V e^{i\boldsymbol{k}\cdot\boldsymbol{r}} dV = 0 \quad (\boldsymbol{k} \neq \boldsymbol{0}) \tag{8.26}$$

8.3 変分法

=== ヘリウムの励起状態 ===

ヘリウムには ^{4}He と ^{3}He という 2 つの同位体がある．天然のヘリウムはほとんどが前者で，後者は原子炉で作られる人工的な物質である．というわけで，以下ヘリウムというときには前者を指すことにする．ヘリウムは液化しにくい物質で，かつてはどんな状態でも気体であると考えられ**永久気体**と呼ばれていた．ヘリウムはオランダの物理学者カマリング・オネス（1853-1926）によって初めて液化され，1908 年，ある温度（**転移温度**）以下になると特殊な状態（**超流動**）になることが発見された．ヘリウム原子はボース統計に従うので，超流動はボース凝縮の現れと考えられている．実際，演習問題 4 で学ぶように，液体ヘリウムを理想ボース気体とみなすと転移温度は 3.14 K となり，これは液体ヘリウムの転移温度 2.2 K とかなり近い．本書の題目は「はじめて学ぶ量子力学」である．このコラム欄も初学者にとって難しいテーマを含んでいるように思える．しかし，左ページの内容を把握しておけば，理解していただけると考えあえてこのような問題を選んだ．

ファインマン（1918-1988）はアメリカの理論物理学者で，彼が導入したファインマンダイアグラムは素粒子論のみならず物性論でも活躍している．彼はわが国の朝永振一郎（1906-1979）やアメリカのシュウィンガー（1918-1994）ととも量子電磁力学に対する貢献でノーベル物理学賞を受賞した．私が大学を卒業した 1953 年にファインマンはヘリウムの理論に取り組み，その成果を同年日本で開催された「理論物理学会国際会議」で発表した．このとき，私は彼の講演を初めてきいた．その講演テーマの一部は液体ヘリウムの励起状態に変分法を適用することであった．

変分法を現在の問題に適用する際，2 つの注意が必要である．1 つは積分範囲で体系中のすべての粒子に関して積分しなければならない．もう 1 つは量子統計でボース統計に従うよう波動関数を選ぶ必要がある．物理的な考察に基づきファインマンは

$$\exp\left(i\sum_j \boldsymbol{k}\cdot\boldsymbol{r}_j\right)\psi_0(\boldsymbol{r}_1,\boldsymbol{r}_2,\cdots,\boldsymbol{r}_N) \tag{1}$$

という波動関数が液体ヘリウムの励起状態を記述するとした．ここで体系は N 個の粒子を含むと仮定する．(1) で ψ_0 は基底状態の波動関数，$\boldsymbol{r}_j$ は j 番目の原子の位置ベクトルを表す．(1) 中の総和は j に関するもので量子統計の要求から生じる．(1) の波動関数が ψ_0 と直交することは，例えば $\boldsymbol{r}_1$ に注目したとき

$$\int |\psi_0(\boldsymbol{r}_1,\boldsymbol{r}_2,\cdots,\boldsymbol{r}_N)|^2 \, dV_2 dV_3 \cdots dV_N$$

が $\boldsymbol{r}_1$ と無関係な定数であることからわかる．(1) に対し

$$\varepsilon_k = \frac{\hbar^2 k^2}{2mS(k)} \tag{2}$$

という励起エネルギーが求まる．(2) で $S(k)$ は**構造因子**と呼ばれ，X 線の実験から観測される．(2) で計算される励起エネルギーを図 **8.3** に示す．

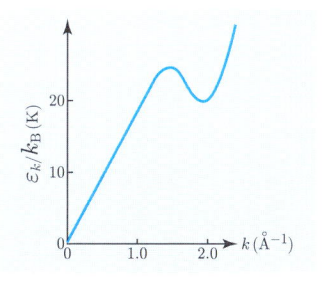

図 **8.3** 励起エネルギー

8.4 非定常な場合の摂動論

時間に依存するシュレーディンガー方程式　　波動関数の時間的発展は

$$i\hbar\frac{\partial \psi}{\partial t} = H\psi \tag{8.27}$$

の方程式で記述される．H は

$$H = H_0 + \lambda H' \tag{8.28}$$

で与えられるとし，非摂動系のハミルトニアンの固有関数，固有値は

$$H_0 u_k = E_k u_k \tag{8.29}$$

と書けるとする．ここで H' は時間によらないと仮定する．波動関数 ψ を

$$\psi = \sum_k a_k(t) u_k e^{-iE_k t/\hbar} \tag{8.30}$$

と展開し，時間微分を $\cdot$ で表せば，a_k に対して次式が成り立つ（演習問題 5）．

$$\dot{a}_m = \frac{\lambda}{i\hbar} \sum_k H'_{mk} a_k e^{i\omega_{mk} t} \tag{8.31}$$

ここで，ω_{mk} は次式で定義される．

$$\omega_{mk} = \frac{E_m - E_k}{\hbar} \tag{8.32}$$

a_k に対する摂動展開　　a_k を

$$a_k = a_k^{(0)} + \lambda a_k^{(1)} + \lambda^2 a_k^{(2)} + \cdots \tag{8.33}$$

と摂動展開し (8.33) を (8.31) に代入して，λ^{s+1} の項を等しいとおく．その結果

$$\dot{a}_m^{(0)} = 0 \tag{8.34}$$

$$\dot{a}_m^{(s+1)} = \frac{1}{i\hbar} \sum_k H'_{mk} a_k^{(s)} e^{i\omega_{mk} t} \tag{8.35}$$

と表される．

遷移確率　　(8.34) を時間に関して積分すれば $a_m^{(0)} =$ 一定　となる．この一定値は波動関数に対する初期条件で決まり，いまの問題では $t=0$ で体系は n 状態にあるとし $\psi(0) = u_n$ とする．すなわち $a_k^{(0)} = \delta_{kn}$ とするが，状態 n は体系が最初にいた状態という意味で始 状 態と呼ばれ記号 i で表される．摂動のため，時間がたつと始状態は終 状 態に遷移するが，状態密度（単位エネルギー当たりの状態数）を $\rho(E)$ とすれば単位時間当たりの遷移確率 w は次式のフェルミの黄金律（演習問題 6）で書ける．ここでエネルギー保存則 $E_f = E_i$ が成り立つ．

$$w = \frac{2\pi}{\hbar} \rho(E_f) |H'_{fi}|^2 \tag{8.36}$$

8.4 非定常な場合の摂動論

例題 4 1辺の長さ L の十分大きな立方体の箱(体積 $V = L^3$)の中を運動する換算質量 μ の粒子に原点 O から $U(\boldsymbol{r})$ のポテンシャルが働く.始め波数ベクトル $\boldsymbol{k}_0$ であった状態が図 8.4 のように $\boldsymbol{k}$ 近傍の微小立体角 $\Delta\Omega$ に散乱される.弾性散乱のときを扱い,このような過程に対する単位時間当たりの遷移確率を求めよ.この種の散乱は入射エネルギーが大きいとき有効であり,これを**ボルン近似**という.

解 2体問題は換算質量 μ の質量をもつ1体問題と同等で,この場合のハミルトニアンは $H = -\hbar^2 \Delta/2\mu + U$ で与えられる.第1項を H_0, U を摂動 H' にとる($\lambda = 1$ とおく).始状態,終状態の波動関数はそれぞれ

$$\psi_{\boldsymbol{k}_0}(\boldsymbol{r}) = \frac{1}{\sqrt{V}} e^{i\boldsymbol{k}_0 \cdot \boldsymbol{r}}$$

$$\psi_{\boldsymbol{k}}(\boldsymbol{r}) = \frac{1}{\sqrt{V}} e^{i\boldsymbol{k} \cdot \boldsymbol{r}}$$

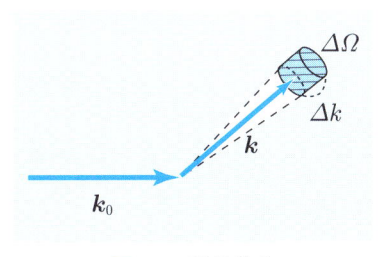

図 8.4 弾性散乱

で与えられる.ここで $\boldsymbol{K} = \boldsymbol{k} - \boldsymbol{k}_0$ とすれば

$$H'_{if} = \frac{1}{V} \int_V U(\boldsymbol{r}) e^{-i\boldsymbol{K} \cdot \boldsymbol{r}} dV$$

が成り立つ.添字 V は立方体の内部を表す記号である.一般に,$\boldsymbol{r}$ の関数 $U(\boldsymbol{r})$ を平面波で展開(フーリエ展開)したとき,次の (1)

$$U(\boldsymbol{r}) = \frac{1}{V} \sum_{\boldsymbol{q}} \nu(\boldsymbol{q}) e^{i\boldsymbol{q} \cdot \boldsymbol{r}}, \quad \nu(\boldsymbol{q}) = \int_V U(\boldsymbol{r}) e^{-i\boldsymbol{q} \cdot \boldsymbol{r}} dV \tag{1}$$

で定義される $\nu(\boldsymbol{q})$ を**フーリエ成分**という.H'_{if} は $H'_{if} = \nu(\boldsymbol{K})/V$ となる.図 8.4 の斜線部の体積は $k^2 \Delta k \Delta \Omega$ に等しく,この中の状態数は

$$\frac{V}{(2\pi)^3} k^2 \Delta k \Delta \Omega$$

である.一方

$$E = \frac{\hbar^2 k^2}{2\mu} \quad \therefore \quad \Delta E = \frac{\hbar^2 k \Delta k}{\mu}$$

が成り立つ.よって

$$\rho(E) \Delta E = \rho(E) \frac{\hbar^2 k}{\mu} \Delta k = \frac{V}{(2\pi)^3} k^2 \Delta k \Delta \Omega \quad \therefore \quad \rho(E) = \frac{V \mu k \Delta \Omega}{(2\pi)^3 \hbar^2}$$

となり,w は次の (2) で与えられる.

$$w = \frac{\mu k |\nu(\boldsymbol{K})|^2}{(2\pi)^2 \hbar^3 V} \Delta \Omega \tag{2}$$

上式の物理的な意味は 9.3 節で述べる.

演習問題 第8章

1 p.105 の例題 1 中の (5) と (7) を導け．

2 H_0, H' はそれぞれ 2×2 の行列であるとし

$$H_0 = \begin{bmatrix} E & 0 \\ 0 & E \end{bmatrix}, \quad H' = \begin{bmatrix} 0 & H' \\ H' & 0 \end{bmatrix}$$

とおく．$H = H_0 + \lambda H'$ の厳密な固有値を計算し，摂動論で得られる結果と比較せよ．

3 p.109 の例題 3 中の (2) を計算し，同例題中の結果を確かめよ．

4 理想ボース気体のボース凝縮の転移温度 T_c は

$$T_c = \frac{h^2}{2\pi m k_B} \left(\frac{N}{2.612 V} \right)^{2/3}$$

で与えられる．ただし

$h =$ プランク定数 $= 6.626 \times 10^{-34}$ J·s

$m =$ ボース粒子の質量

$k_B =$ ボルツマン定数 $= 1.381 \times 10^{-23}$ J·K^{-1}

$N =$ ボース粒子の総数，$V =$ 理想ボース気体の体積

である．液体ヘリウムを理想ボース気体とみなし，^{4}He 原子の質量を 6.64×10^{-27} kg とする．1 モルの液体ヘリウムは $27.6\,\mathrm{cm}^3$ の体積を占めるとして T_c を計算せよ．

5 (8.31) (p.112) を導け．

6 $t = 0$ で状態は始状態 i にあるとする．摂動のため，時間がたつと始状態は終状態に転移するが，終状態は連続的に分布しているとし状態密度を $\rho(E)$ とする．また，H'_{fi} が f についてゆっくり変わるとして，フェルミの黄金律 (8.36) を確かめよ．ただし，関数 $\sin^2(\omega t)/\omega^2$ は $t \to \infty$ の極限で $(\pi t/2) \delta(\omega)$ に等しいこと（図 8.5 参照）を利用せよ．

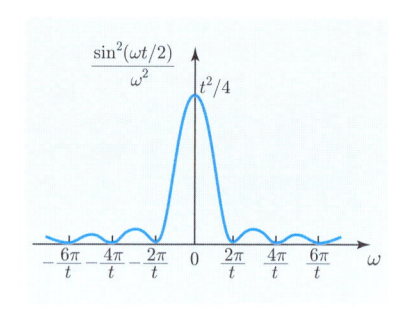

図 8.5 関数 $\sin^2(\omega t)/\omega^2$

7 弾性散乱を考え $|\boldsymbol{k}| = |\boldsymbol{k}_0|$ とする．$\boldsymbol{k}$ と $\boldsymbol{k}_0$ とのなす角を θ とし

$$\boldsymbol{K} = \boldsymbol{k} - \boldsymbol{k}_0$$

とする．K を k と θ で表す数式を導け．

第9章

散乱問題

　入射粒子がポテンシャルにより進行状態が変わる現象を散乱問題という．もっとも簡単な散乱問題は1次元の散乱で，一般に入射波，反射波，透過波の3種が現れる．これらの波に対し反射率，透過率が定義されるが，両者の和は1となる．古典力学では入射エネルギーがポテンシャルの山より小さいと粒子はポテンシャルを超えられない．その反面，量子力学では粒子が波の性質をもつため，波動関数は古典力学では不可能な領域でも有限な値をもつ．この現象をトンネル効果という．箱型ポテンシャルを例にとりトンネル効果を学ぶ．散乱が1次元でなく3次元の場合には反射波と透過波との区別がなくなり両者合わせ散乱波となる．この種の3次元の問題を一般的に扱うことも可能でこれには微積分の知識が必要となる．そこで本書では非定常な場合の摂動論で理解できる範囲に話を局限することにする．

本章の内容

9.1　1次元の散乱
9.2　トンネル効果
9.3　ボルン近似

9.1 1次元の散乱

1次元の反射と透過　一直線 (x軸) 上を運動する質量 m の粒子があり，この粒子には図 9.1 のようなポテンシャルが働くとする．粒子のエネルギー E (>0) は連続固有値であり，与えられたものとする．E を

$$E = \frac{\hbar^2 k^2}{2m} \tag{9.1}$$

とおけば，k は粒子の波数で $k = \sqrt{2mE}/\hbar$ と書ける．以下，ポテンシャルの左側から入射する粒子がポテンシャルの壁に当たり，反射されたり，その壁を透過するときを扱う．

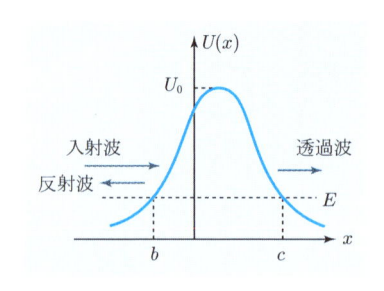

図 9.1　1次元の散乱

古典力学と量子力学との違い　図 9.1 のようにポテンシャルの最大値を U_0 とし，簡単のためポテンシャルのピークは1つだけとする．$E > U_0$ だと粒子はポテンシャルの山を越え右向きの粒子はそのまま右方に進む．この場合，古典力学と量子力学では大差はない．しかし，$E < U_0$ の場合，古典力学で考えると粒子はポテンシャルを飛び越せず運動はポテンシャルの左側だけで起こる．しかし，量子力学では粒子が波の性格をもつために，波動関数はポテンシャルの右側の領域に浸み出る．これを**トンネル効果**といい，量子力学特有の現象である．9.2 節でトンネル効果について学ぶ．

反射率と透過率　図 9.1 のように，$E < U_0$ のときポテンシャルと E との交点を b, c とする．$x \to -\infty$ の極限をとるとポテンシャルの影響はないとみなせるので，この極限で波動関数は次のように書ける．

$$\psi(x) = Ae^{ikx} + Be^{-ikx} \quad (x \to -\infty) \tag{9.2}$$

係数 A, B はそれぞれ入射波，反射波の振幅である．同じように $x \to \infty$ の極限では

$$\psi(x) = Ce^{ikx} \quad (x \to \infty) \tag{9.3}$$

と表される．係数 C は透過波の振幅である．ここで，次式の R, T をそれぞれ**反射率，透過率**という．

$$R = \left|\frac{B}{A}\right|^2 = \frac{|B|^2}{|A|^2}, \quad T = \left|\frac{C}{A}\right|^2 = \frac{|C|^2}{|A|^2} \tag{9.4}$$

R と T との間には次の関係が成り立つ (例題 1)．

$$R + T = 1 \tag{9.5}$$

9.1　1次元の散乱

例題 1　x 軸上を運動する自由粒子の波動関数が $x \to \pm\infty$ の極限で (9.2), (9.3) のように表されるとする．入射波，反射波，透過波が図 9.1 のように書けるとして，次の設問に答えよ．

(a)　1次元のシュレーディンガー方程式を使い一般に
$$\psi^* \frac{d^2\psi}{dx^2} - \psi \frac{d^2\psi^*}{dx^2} = 0$$
$$\therefore \quad \psi^* \frac{d\psi}{dx} - \psi \frac{d\psi^*}{dx} = \text{一定}$$
が成立すること示せ．

(b)　(a) で得られた結果を利用し，(9.5) を導け．

解　(a)　エネルギー固有値が決まっていると，1次元のシュレーディンガー方程式およびその複素共役は
$$-\frac{\hbar^2}{2m}\frac{d^2\psi}{dx^2} + U(x)\psi = E\psi, \quad -\frac{\hbar^2}{2m}\frac{d^2\psi^*}{dx^2} + U(x)\psi^* = E\psi^*$$
と書ける．左式に ψ^*，右式に $-\psi$ を掛け，両式を加えると
$$\psi^* \frac{d^2\psi}{dx^2} - \psi \frac{d^2\psi^*}{dx^2} = 0$$
が得られる．上式を x に関して積分すると
$$\Delta \equiv \psi^* \frac{d\psi}{dx} - \psi \frac{d\psi^*}{dx} = \text{一定}$$
となり，与式が求まる．

(b)　$x \to \infty$ の極限では (9.3) により $\psi(x) = Ce^{ikx}$ と書けるので
$$\Delta = 2ik|C|^2 \tag{1}$$
と書ける．一方，$x \to -\infty$ の極限では (9.2) を利用し
$$\begin{aligned}\Delta &= (A^*e^{-ikx} + B^*e^{ikx})(ikAe^{ikx} - ikBe^{-ikx}) \\ &\quad - (-ikA^*e^{-ikx} + ikB^*e^{ikx})(Ae^{ikx} + Be^{-ikx}) \\ &= 2ik(|A|^2 - |B|^2) \end{aligned} \tag{2}$$
となる．(1), (2) から $|A|^2 - |B|^2 = |C|^2$ が導かれる．これを $|A|^2$ で割り反射率，透過率の定義を使えば $R + T = 1$ が示される．

参考　ロンスキアン　上で定義した Δ は一種のロンスキアンでその正確な定義は次節で述べる．ロンスキアンはロンスキー (1778-1853) に由来する．ロンスキーはポーランド生まれの数学者で 1800 年フランス市民権を獲得したが，彼はドイツ哲学，数学の研究に従事した．

9.2 トンネル効果

1次元のシュレーディンガー方程式 粒子に図 9.2 のようなポテンシャルが働くとし $x<0$, $0<x<a$, $a<x$ をそれぞれ領域 I, II, III とする．領域 I, III では

$$U(x) = 0$$

であるから，(9.2), (9.3) が厳密に成立し次式のように書ける．

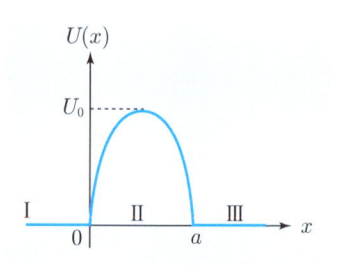

図 9.2 ポテンシャル

$$\psi(x) = Ae^{ikx} + Be^{-ikx} \quad (\text{領域 I}) \tag{9.6}$$

$$\psi(x) = Ce^{ikx} \quad (\text{領域 III}) \tag{9.7}$$

領域 II におけるシュレーディンガー方程式は

$$-\frac{\hbar^2}{2m}\frac{d^2\psi}{dx^2} + U(x)\psi = E\psi \tag{9.8}$$

で与えられる．図 9.2 のように領域 II での U の最大値を U_0 とすれば古典力学では $E<U_0$ のとき粒子はポテンシャルの山を越えられないが，量子力学では粒子はいわばトンネルを伝うように山の右側に達する．これが前節でも言及したように**トンネル効果**である．

不連続なポテンシャルに対するトンネル効果 シュレーディンガー方程式は2階の微分方程式であるから領域 I と II の境界あるいは II と III の境界で ψ, ψ' は連続である．箱型ポテンシャルのように不連続なポテンシャルに対しこの連続性は重要な意味をもつ．この点を明確にするため，便宜上 (9.8) の独立な解を $\psi_1(x), \psi_2(x)$ とする．x に関する微分を $'$ で表し，**ロンスキアン** Δ を

$$\Delta = \begin{vmatrix} \psi_1 & \psi_2 \\ \psi_1' & \psi_2' \end{vmatrix} \tag{9.9}$$

と定義すれば全域にわたり Δ は一定となる（例題2）．領域 II における波動関数は F, G を任意定数として

$$\psi = F\psi_1 + G\psi_2 \tag{9.10}$$

と表される．波動関数の連続性を利用すると B/A, C/A の比が決められ，反射率 R や透過率 T が計算される．$R+T=1$ であるから T だけを求めればよい．

9.2 トンネル効果

例題 2 (9.9) で定義されたロンスキアンが全域で一定であることを示し，連続性を利用して図 9.2 のようなポテンシャルに対する透過率の一般的な等式を導け．

解 シュレーディンガー方程式は 2 階微分方程式であるから，一般に独立な解が 2 個存在する．これらを ψ_1, ψ_2 とすれば

$$-\frac{\hbar^2}{2m}\psi_1'' + U(x)\psi_1 = E\psi_1, \quad -\frac{\hbar^2}{2m}\psi_2'' + U(x)\psi_2 = E\psi_2$$

となる．左式に ψ_2，右式に $-\psi_1$ を掛けて加えると $(\psi_1\psi_2'' - \psi_2\psi_1'') = 0$ でこれから $(d/dx)(\psi_1\psi_2' - \psi_2\psi_1') = 0$ が得られる．これを積分すると x の全域 $(-\infty < x < \infty)$ にわたりロンスキアンは一定であることがわかる．$x = 0$ で ψ, ψ' が連続という条件から

$$F\psi_1(0) + G\psi_2(0) = A + B, \quad F\psi_1'(0) + G\psi_2'(0) = ik(A - B)$$

という条件が得られる．これから F, G を解き

$$F = \frac{1}{\Delta}\begin{vmatrix} A+B & \psi_2(0) \\ ik(A-B) & \psi_2'(0) \end{vmatrix} \tag{1}$$

$$G = \frac{1}{\Delta}\begin{vmatrix} \psi_1(0) & A+B \\ \psi_1'(0) & ik(A-B) \end{vmatrix} \tag{2}$$

となる．同様に，$x = a$ での条件から

$$F\psi_1(a) + G\psi_2(a) = Ce^{ika}, \quad F\psi_1'(a) + G\psi_2'(a) = ikCe^{ika}$$

が成立し，上式から F, G は

$$F = \frac{1}{\Delta}\begin{vmatrix} Ce^{ika} & \psi_2(a) \\ ikCe^{ika} & \psi_2'(a) \end{vmatrix} \tag{3}$$

$$G = \frac{1}{\Delta}\begin{vmatrix} \psi_1(a) & Ce^{ika} \\ \psi_1'(a) & ikCe^{ika} \end{vmatrix} \tag{4}$$

と表される．(1)〜(4) から求められた F, G をそれぞれ等しいとおけば

$$(A+B)\psi_2'(0) - ik(A-B)\psi_2(0) = Ce^{ika}[\psi_2'(a) - ik\psi_2(a)]$$
$$ik(A-B)\psi_1(0) - (A+B)\psi_1'(0) = Ce^{ika}[ik\psi_1(a) - \psi_1'(a)]$$

である．計算を簡単にするため $\psi_1(0) = \psi_2'(0) = 0$ の条件が成り立つよう ψ_1, ψ_2 を選ぶとする（この意味については演習問題 2 を参照せよ）．その結果 $2A = Ce^{ika}X$ となるが，上式で X は

$$X = \frac{1}{\psi_1'(0)}[\psi_1'(a) - ik\psi_1(a)] + \frac{1}{\psi_2(0)}\left[\psi_2(a) - \frac{\psi_2'(a)}{ik}\right]$$

と定義される．$|e^{ika}| = 1$ であるから透過率 T は次のように書ける．

$$T = \frac{|C|^2}{|A|^2} = \frac{4}{|X|^2} \tag{5}$$

箱型ポテンシャルの透過率　　前ページの議論の応用として図 **9.3** に示す箱型ポテンシャルを考える．便宜上，$E > U_0$ と仮定し α を $\alpha = \sqrt{2m(E-U_0)}/\hbar$ と定義すると，領域 II での波動方程式は $\psi'' = -\alpha^2 \psi$ となる．$\psi_1(0) = \psi_2'(0) = 0$ を満たす解は $\psi_1 = \sin\alpha x$, $\psi_2 = \cos\alpha x$ と書ける．これから例題 2（p.119）の X は $X = [2\alpha k i \cos\alpha a + (\alpha^2 + k^2)\sin\alpha a]/\alpha k i$ となり，T は

$$T = \frac{4\alpha^2 k^2}{4\alpha^2 k^2 \cos^2\alpha a + (\alpha^2 + k^2)^2 \sin^2\alpha a} \tag{9.11}$$

と表される．$\cos^2\theta + \sin^2\theta = 1$ を使うと T は

$$T = \frac{4\alpha^2 k^2}{4\alpha^2 k^2 + (\alpha^2 - k^2)^2 \sin^2\alpha a} \tag{9.12}$$

である．$E = \hbar^2 k^2/2m$, $E - U_0 = \hbar^2 \alpha^2/2m$ の関係を (9.12) に代入すると

$$T = \frac{4E(E-U_0)}{U_0^2 \sin^2\alpha a + 4E(E-U_0)} \tag{9.13}$$

となる．$0 < E < U_0$ の場合には $\alpha \to i\beta$, $\beta = \sqrt{2m(U_0-E)}/\hbar$ とおけばよい．

$$\sin i\beta a = \frac{e^{-\beta a} - e^{\beta a}}{2i} = i \,\text{sh}\,\beta a, \quad \text{sh}\,x = \frac{e^x - e^{-x}}{2}$$

の関係を使うと，この場合の T は

$$T = \frac{4E(U_0-E)}{U_0^2 \,\text{sh}^2 \beta a + 4E(U_0-E)} \tag{9.14}$$

と書ける．参考のため，$mU_0 a^2/\hbar^2 = 8$ のとき，T の結果を図 **9.4** に示す．

WKB 近似（準古典近似）　　任意の $U(x)$ に対し (9.8) を解くのは困難なことである．1 つの近似法としてウェンツェル-クラマース-ブリユアン (Wentzel-Kramers-Brillouin) の方法（3 人の頭文字をとり **WKB 近似**）が使われる．WKB 近似の基礎は例題 3 で議論するが，透過率 T は次式で与えられる．

$$T = \exp\left[-\frac{2}{\hbar} \int_b^c \sqrt{2m[U(x)-E]}\,dx\right] \tag{9.15}$$

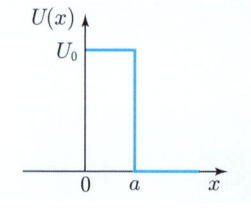

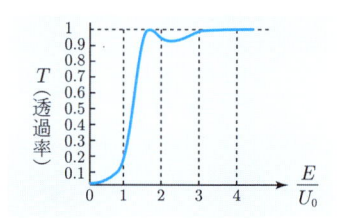

図 **9.3**　箱型ポテンシャル　　　図 **9.4**　T と E/U_0 の関係

9.2 トンネル効果

例題 3 WKB 近似では波動関数を $\psi(x) = e^{iS(x)/\hbar}$ とおく．この式で導入された S を作用という．この式を利用すると $\psi' = (iS'/\hbar)e^{iS/\hbar}$, $\psi'' = (-S'^2/\hbar^2 + iS''/\hbar)e^{iS/\hbar}$ と書け，(9.8) (p.118) に代入して

$$S'^2 - i\hbar S'' = 2m[E - U(x)] \qquad (1)$$

となる．WKB 近似では左辺第 2 項を省略するが，この近似の下で透過率 T に対する (9.15) を導け．

解 諸量を $\hbar$ のべき級数で表し，低次の項でこれらの項を処理するのが WKB 近似の基礎である．したがって，(1) から WKB 近似では $S'^2 = 2m[E - U(x)]$ とする．これから $S'(x) = \pm\sqrt{2m[E - U(x)]}$ となり，これを積分して

$$S(x) = \pm \int_0^x \sqrt{2m[E - U(x')]}\, dx' \qquad (2)$$

が得られる．ただし，便宜上積分の下限を 0 とした．$\psi(x)$ は $\psi(x) = e^{iS(x)/\hbar}$ と書けるから $\psi_1(0) = \psi_2'(0) = 0$ を満たす解は (2) を使い

$$\psi_1(x) = \sin\left[\frac{1}{\hbar}\int_0^x \sqrt{2m[E - U(x')]}\, dx'\right] \qquad (3)$$

$$\psi_2(x) = \cos\left[\frac{1}{\hbar}\int_0^x \sqrt{2m[E - U(x')]}\, dx'\right] \qquad (4)$$

と表される．(3), (4) を使って X を計算すると

$$X = 2(\cos I - i\sin I) = 2e^{-iI}, \quad I = \frac{1}{\hbar}\int_0^a \sqrt{2m[E - U(x)]}\, dx$$

と書ける（演習問題 4）．図 9.2 (p.118) のようなポテンシャルを想定して，図 9.1 (p.116) で示したように正の E をとりポテンシャルとの交点を b, c とする．I の積分範囲を分割し

$$\int_0^a dx = \int_0^b dx + \int_b^c dx + \int_c^a dx$$

とする．右辺第 1 項，第 3 項では $E \geqq U(x)$ が成り立つから，被積分関数は実数である．よって，これらの積分範囲からの I への寄与をまとめて θ と書けば θ は実数となる．これに反し，右辺第 2 項では $E \leqq U(x)$ なので

$$\sqrt{2m[E - U(x)]} = \pm i\sqrt{2m[U(x) - E]}$$

が成り立つ．物理的な理由によりここで + の符号をとらねばならない（演習問題 5）．こうして X は

$$X = 2e^{-i\theta}\exp\left[\frac{1}{\hbar}\int_b^c \sqrt{2m[U(x) - E]}\, dx\right]$$

となり $|e^{-i\theta}| = 1$ に注意すれば，$T = 4/|X|^2$ を使い (9.15) (p.120) が導かれる．

9.3 ボルン近似

入射波と散乱波 粒子2(質量 m_2) による粒子1(質量 m_1) の3次元的な相対運動を考えるには,例えば粒子2は静止しているとし質量 m_1 が換算質量 μ に変わるとすればよい.$m_2 \gg m_1$ のときには,粒子2は止まっており,μ は m_1 とほとんど同じである.そこで粒子2の位置を座標原点 O にとる.一次元のとき,入射波は図 9.1 (p.116) で $x \leq b$ の領域だけに存在するが,3次元だと全空間に存在する.粒子は z 軸の正方向に入射し,そのエネルギーを $E = \hbar^2 k^2 / 2\mu$ とすれば,入射波の波動関数は e^{ikz} と書ける.図 9.5 のように入射粒子の方向を z 軸とする極座標を導入すると,散乱の状況は z 軸のまわりで軸対称なので散乱波の波動関数は φ には依存しない.また,角 θ は入射粒子の進行方向と散乱粒子のそれとがなす角でこれを**散乱角**という.一方,散乱波の振幅は散乱体からの距離 r が大きいと $f(\theta)/r$ に比例する.$f(\theta)$ を**散乱振幅**という.また,散乱波は r の増える方向に伝わるので e^{ikr} に比例する.こうして散乱波,入射波両者の寄与を考慮し,波動関数 ψ は十分 r が大きいとき次のように書ける.

$$\psi \sim A\left[e^{ikz} + \frac{f(\theta)}{r}e^{ikr}\right] \tag{9.16}$$

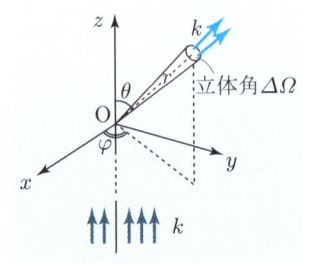

図 9.5 散乱の状況

微分散乱断面積 z 軸と垂直な面を単位面積,単位時間当たり N 個の粒子が入射するとき,図 9.5 のように θ, φ 方向の微小立体角 $\Delta\Omega$ を単位時間当たり通過する散乱粒子の数を

$$N\sigma(\theta, \varphi)\Delta\Omega \tag{9.17}$$

と書き,$\sigma(\theta, \varphi)$ を**微分散乱断面積**という.実際 $\sigma(\theta, \varphi)$ は面積の次元をもつ量である(演習問題6).$\sigma(\theta, \varphi)$ は軸対称な場合には φ によらず,(9.16) の $f(\theta)$ により次のように書ける(演習問題7).

$$\sigma(\theta, \varphi) = |f(\theta)|^2 \tag{9.18}$$

ボルン近似 3次元の散乱問題を一般的に扱うには微積分の知識は必要で,本書の範囲を越えると思われる.そこで,話を非定常の摂動論で理解できる範囲に止める.この近似は**ボルン近似**と呼ばれるが,詳細は例題4で扱う.

9.3 ボルン近似

例題 4 非定常の摂動論を利用して散乱の問題を論じよ．

解 散乱の問題で粒子のエネルギーが粒子に働くポテンシャルより十分大きな場合，ポテンシャルを摂動として扱うことができる．摂動論を適用する際，定常とするか，非定常とするか 2 つの考え方がある．本節では後者の立場に立って散乱を論じる．その理由は既に 8.4 節で同じような議論をしたためである．定常な方法でも同じ結論に達するが，このように散乱に摂動論を適用する手法を一般に**ボルン近似**という．通常は摂動の第 1 近似をとり，この場合を**第 1 ボルン近似**という．場合によっては**第 2 ボルン近似**あるいはそれ以上の項を考慮する必要がある．近藤効果はそのような例であるが，これについて後述の参考を見よ．

8.4 節の例題 4（p.113）で次のような問題を扱った．体積 V の箱中に 1 個の粒子が存在するとき，始状態の波数ベクトル $\boldsymbol{k}_0$ とする（図 8.4，p.113）．$\boldsymbol{k}$ 近傍の微小立体角 $\Delta\Omega$ 中の波数ベクトルをもつ状態を終状態にとると，始状態から終状態へと散乱される単位時間当たりの遷移確率 w は例題 4 中の (2)（p.113）により

$$w = \frac{\mu k |\nu(\boldsymbol{K})|^2}{(2\pi)^2 \hbar^3 V} \Delta\Omega \tag{1}$$

で与えられる．ここで $\nu(\boldsymbol{K})$ はポテンシャルのフーリエ成分で $\boldsymbol{k}_0$ と $\boldsymbol{k}$ とのなす角を θ とすれば演習問題 7（p.114）で述べたように次式が成り立つ．

$$K = 2k \sin\frac{\theta}{2} \tag{2}$$

体積 V 中に 1 個の粒子があるとき，w は $\boldsymbol{k}$ 近傍の微小立体 $\Delta\Omega$ 内に，単位時間当たり散乱される粒子数を表す．一方，(9.17) により

$$w = N\sigma(\theta,\varphi)\Delta\Omega \tag{3}$$

が成り立つ．現在の問題では入射粒子の数密度は $1/V$ で，粒子の速さを v とすれば $N = v/V$ である．粒子の運動量の大きさ p は $p = \hbar k = \mu v$ と書け $N = \hbar k/V\mu$ となる．これを使うと (3) から

$$\sigma(\theta,\varphi)\Delta\Omega = \frac{V\mu w}{\hbar k}$$

が得られる．こうして，(1) を利用して次の関係が導かれる．

$$\sigma(\theta,\varphi) = \left(\frac{\mu}{2\pi\hbar^2}\right)^2 |\nu(\boldsymbol{K})|^2 \tag{4}$$

参考 **近藤効果** 磁性原子（鉄，マンガンなど）を少量溶かした合金は低温で電気抵抗の極小現象を示す．1964 年，近藤淳 (1930-) は磁性原子と伝導電子を第 2 ボルン近似まで考慮し，この現象の説明に成功した．これを**近藤効果**と呼んでいる．一般に，上記のような希薄合金が 10 K あるいはそれ以下の低温で示す帯磁率，比熱，電気抵抗などの異常現象を近藤効果という．

演習問題
第9章

1. 一般に3次元空間中の粒子（質量は m）の波動関数 $\psi(\boldsymbol{r},t)$ に対し
$$P(\boldsymbol{r},t) = \psi^*(\boldsymbol{r},t)\psi(\boldsymbol{r},t)$$
で確率密度を定義する．空間中の微小体積 ΔV を考えると，$P(\boldsymbol{r},t)\Delta V$ はその空間中に粒子の存在する確率に比例する．確率の流れ密度 $\boldsymbol{S}(\boldsymbol{r},t)$ を
$$\boldsymbol{S}(\boldsymbol{r},t) = \frac{\hbar}{2im}[\psi^*\nabla\psi - (\nabla\psi^*)\psi]$$
で定義したとし，以下の問に答えよ．
   (a) 図 9.6 に示すように，S を空間中の任意の閉曲面，V をその中の領域，$\boldsymbol{n}$ を閉曲面の内側から外へ向く法線方向の単位ベクトルとする．次の等式を導け．
$$\frac{\partial}{\partial t}\int_V P(\boldsymbol{r},t)dV = -\int_V \operatorname{div}\boldsymbol{S}\,dV = -\int_S S_n dS$$
   (b) 確率密度を電荷密度，確率の流れ密度を電流密度に対応させ，上式の物理的な意味を考察せよ．
2. $\psi_1(0) = \psi_2'(0) = 0$ の条件は古典的な振動の場合どんな条件に対応するか．
3. 運動エネルギー 1 eV の電子が高さ 3 eV，幅 5 Å のポテンシャルの壁に衝突したとき（図 9.7），トンネル効果の透過率はどれくらいか．
4. 例題 3 (p.121) の (3), (4) で得られた $\psi_1(x), \psi_2(x)$ に対する結果を利用し X を計算せよ．
5. X を求める際
$$\sqrt{2m[E-U(x)]} = \pm i\sqrt{2m[U(x)-E]}$$
の関係で物理的に + の符号をとる必要がある．その理由を述べよ．
6. $\sigma(\theta,\varphi)$ の次元は面積であることを示せ．
7. 波動関数が (9.16) (p.122) のように表されるとして，微分散乱断面積に対する (9.18) (p.122) の関係を導け．

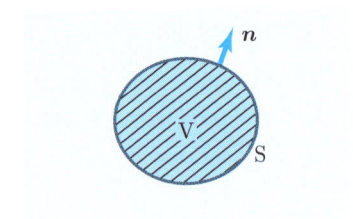

図 9.6　閉曲面 S と領域 V

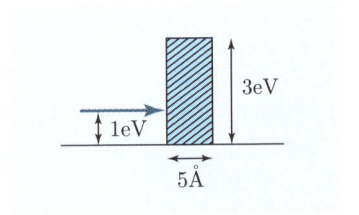

図 9.7　トンネル効果の一例

演習問題略解

第1章

1　銅のモル比熱は例題 2 (p.5) の値より $0.46\,\mathrm{J\cdot mol^{-1}\cdot K^{-1}}$ だけ小さい．したがって，誤差は
$$\frac{0.46}{24.93}\times 100\,\% = 1.85\,\%$$
となる．

2　(a) $z = i\theta$ とおき $i^2 = -1$, $i^3 = -i$, $i^4 = 1$, $\cdots$ の関係を使うと
$$\begin{aligned}e^{i\theta} &= 1 - \frac{\theta^2}{2!} + \frac{\theta^4}{4!} - \cdots + i\left(\theta - \frac{\theta^3}{3!} + \frac{\theta^5}{5!} - \cdots\right) \\ &= \cos\theta + i\sin\theta\end{aligned}$$
というオイラーの公式が得られる．

(b)　$e^{i\theta} = 1$ という点は実軸と単位円の交点である．$e^{i\theta}$ は θ の周期 2π の周期関数であるから，$e^{i\theta} = 1$ を満たす θ は $\theta = 0$, $\pm 2\pi$, $\pm 4\pi$, $\cdots$ と表される．

3　電磁波の波長を λ，振動数を ν とする．1 回振動が起こると波は λ だけ進み単位時間中に ν 回振動が起こるので単位時間中に波の進む速さ，すなわち光速 c は
$$c = \lambda\nu$$
と表される．$k = 2\pi/\lambda$，$\omega = 2\pi\nu$ を使うと，上式から $\omega = ck$ が得られる．

4　波数空間中で $k \sim k + \Delta k$ の範囲を考えると，この部分は原点を中心として半径が k と $k + \Delta k$ の球に挟まれた領域を表す．この領域の体積は $\Delta \boldsymbol{k} = 4\pi k^2 \Delta k$ となり，領域中の状態数は
$$\frac{V}{(2\pi)^3}\Delta \boldsymbol{k} = \frac{V}{(2\pi)^3}4\pi k^2 \Delta k = \frac{Vk^2}{2\pi^2}\Delta k$$
となる．実際には図 1.12 で示した 2 つの可能性を考慮すると，$k \sim k + \Delta k$ の範囲内にある振動子の数は上式を 2 倍し
$$\frac{Vk^2}{\pi^2}\Delta k \tag{1}$$
と表される．$\omega = 2\pi\nu$ の関係が成り立つので，$\omega = ck$ の関係を利用すると
$$k = \frac{2\pi\nu}{c}, \quad \Delta k = \frac{2\pi\Delta\nu}{c} \tag{2}$$
となり，(1), (2) から (1.7) が得られる．

5 光電子の力学的エネルギーは，例題 4（p.9）により
$$E = 1.11 \times 10^{-19} \text{ J}$$
となる．光電子の速さを v とすれば
$$E = \frac{1}{2}mv^2$$
が成り立つ．これから v は次のように計算される．
$$v = \left(\frac{2E}{m}\right)^{1/2} = \left(\frac{2 \times 1.11 \times 10^{-19}}{9.11 \times 10^{-31}}\right)^{1/2} \text{ m}\cdot\text{s}^{-1} = 4.94 \times 10^5 \text{ m}\cdot\text{s}^{-1}$$

6 λ と ν との間には
$$\lambda\nu = c$$
の関係があるので
$$\lambda_0 = \frac{c}{\nu_0}$$
となる．

7 例題 6 の (1)（p.13）により $r \to 0$ だと ω は増大する．

第2章

1 古典的な極限では
$$\frac{h\nu}{e^{\beta h\nu} - 1} \to \frac{h\nu}{\beta h\nu} = \frac{1}{\beta} = k_\text{B}T \quad (h \to 0)$$
で，$\langle e \rangle \to k_\text{B}T$ となるのでレイリー-ジーンズの放射則が得られる．

2 (2.6)（p.16）により
$$E(\nu) = \frac{8\pi hV}{c^3} \frac{\nu^3}{e^{\beta h\nu} - 1}$$
となる．$\nu \sim \nu + \Delta\nu$ の範囲が $\lambda \sim \lambda + \Delta\lambda$ に対応するとすれば
$$E(\nu)\Delta\nu = G(\lambda)\Delta\lambda$$
が成り立つ．$\lambda\nu = c$ の関係から $\nu = c/\lambda$ となり，これから $\Delta\nu = -c\Delta\lambda/\lambda^2$ が得られる．ここで − の符号は ν が増加するとき λ が減少することを意味する．$G(\lambda)$ は + の量とするので，この式の絶対値をとる必要があり
$$G(\lambda) = \frac{E(\nu)c}{\lambda^2}$$
となり，次のように書ける．

$$G(\lambda) = \frac{8\pi h V}{c^3(e^{\beta hc/\lambda}-1)}\frac{c^3}{\lambda^3}\frac{c}{\lambda^2}$$
$$= \frac{8\pi hcV}{\lambda^5(e^{\beta hc/\lambda}-1)}$$

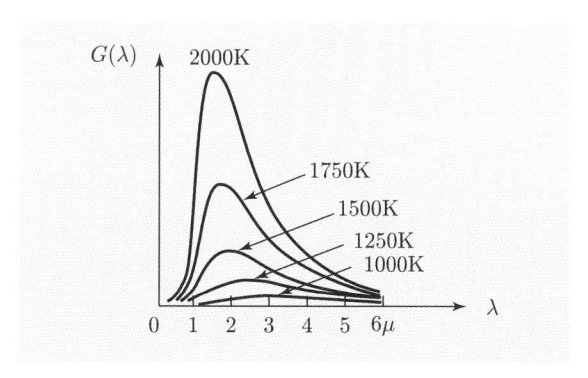

3 T を一定に保ち $G(\lambda)$ を λ の関数として図示したものを上図に示す ($1\,\mu = 10^{-6}\,\mathrm{m}$)．$T$ を一定として $G(\lambda)$ を λ で偏微分すると

$$\frac{\partial G(\lambda)}{\partial \lambda} = \frac{8\pi hcV}{(e^{\beta hc/\lambda}-1)}\left(-\frac{5}{\lambda^6} + \frac{\beta hc}{\lambda^7}\frac{e^{\beta hc/\lambda}}{(e^{\beta hc/\lambda}-1)}\right)$$

となる．上式を 0 とおき，$\beta hc/\lambda_\mathrm{m} = x$ とすれば

$$-5 + x\frac{e^x}{e^x - 1} = 0 \quad \therefore \quad \frac{x}{5} = 1 - e^{-x}$$

が得られる．この式を満たす x の値は $x = 4.965$ と求まっている［理化学辞典第 4 版，（岩波書店，1991）p.100］．したがって $\lambda_\mathrm{m} T = $ 一定 というウィーンの変位則が導かれる．

4 前問で得られた結果を使うと

$$\frac{\beta hc}{\lambda_\mathrm{m}} = x = 4.965$$

が求まる．$\beta = 1/k_\mathrm{B}T$ を利用すると次のようになる．

$$\lambda_\mathrm{m} T = \frac{hc}{k_\mathrm{B} x}$$

$h = 6.626 \times 10^{-34}\,\mathrm{J\cdot s}$, $c = 2.998 \times 10^8\,\mathrm{m\cdot s^{-1}}$, $k_\mathrm{B} = 1.381 \times 10^{-23}\,\mathrm{J\cdot K^{-1}}$ を代入し

$$\lambda_\mathrm{m} T = \frac{6.626 \times 10^{-34} \times 2.998 \times 10^8}{1.381 \times 10^{-23} \times 4.965}\,\mathrm{m\cdot K} = 2.897 \times 10^{-3}\,\mathrm{m\cdot K}$$

が得られる．これに $\lambda_m = 600 \times 10^{-9}$ m を代入すると T は次のように求まる．
$$T = \frac{2.897 \times 10^{-3} \, \text{m} \cdot \text{K}}{600 \times 10^{-9} \, \text{m}} = 4828 \, \text{K}$$

5 振動数 ν は
$$\nu = \frac{3 \times 10^8}{600 \times 10^{-9}} \, \text{Hz} = 5 \times 10^{14} \, \text{Hz}$$
と表される．したがって，アインシュタインの関係 (2.9)（p.18）により
$$E = h\nu = 6.63 \times 10^{-34} \, \text{J} \cdot \text{s} \times 5 \times 10^{14} \, \text{Hz}$$
$$= 3.32 \times 10^{-19} \, \text{J}$$
$$p = \frac{h}{\lambda} = \frac{6.63 \times 10^{-34} \, \text{J} \cdot \text{s}}{600 \times 10^{-9} \, \text{m}} = 1.11 \times 10^{-27} \, \frac{\text{kg} \cdot \text{m}}{\text{s}}$$
と計算される．

6 図のように，点 P を表すのに座標 x を用いると，$D \gg d$，$D \gg x$ を仮定しているので
$$S_1 P = \left[D^2 + \left(x - \frac{d}{2}\right)^2\right]^{1/2} = D\left[1 + \frac{(x-d/2)^2}{D^2}\right]^{1/2}$$
$$\simeq D\left[1 + \frac{(x-d/2)^2}{2D^2}\right] = D\left[1 + \frac{x^2 - xd + d^2/4}{2D^2}\right]$$
となる．$S_2 P$ を求めるには上式で $d \to -d$ とおけばよい．すなわち $S_2 P$ は
$$S_2 P \simeq D\left[1 + \frac{x^2 + xd + d^2/4}{2D^2}\right]$$
と表される．こうして
$$S_2 P - S_1 P \simeq \frac{d}{D} x$$
が得られる．$S_1 P$ と $S_2 P$ はほぼ平行とみなせるので，上述の差が $0, \pm\lambda, \pm 2\lambda, \cdots$ なら山と山，谷と谷が重なり合成波は明るくなる．逆にこれが $\pm\lambda/2, \pm 3\lambda/2, \pm 5\lambda/2, \cdots$ だと山と谷が重なり合成波は暗くなる．こうして以下の条件が得られる．
$$x = \frac{nD}{d}\lambda \qquad (n = 0, \pm 1, \pm 2, \cdots) \quad \cdots 明線$$
$$x = \frac{(2n+1)D}{2d}\lambda \quad (n = 0, \pm 1, \pm 2, \cdots) \quad \cdots 暗線$$

7 アルミニウム（Al）の仕事関数は $3.0 \, \text{eV}$ と測定されているので，Al の光電臨界振動数 ν_0，光電限界波長 λ_0（第 1 章演習問題 6, p.14）は

$$\nu_0 = \frac{W}{h} = \frac{3.0 \times 1.6 \times 10^{-19}\,\text{J}}{6.63 \times 10^{-34}\,\text{J} \cdot \text{s}} = 7.24 \times 10^{14}\,\text{Hz}$$

$$\lambda_0 = \frac{c}{\nu_0} = \frac{3 \times 10^8\,\text{m} \cdot \text{s}^{-1}}{7.24 \times 10^{14}\,\text{Hz}} = 4.14 \times 10^{-7}\,\text{m} = 414\,\text{nm}$$

と計算される．赤い光（$\lambda \simeq 770\,\text{nm}$）のときには $\lambda > \lambda_0$ のため光電効果は起こらないが，青い光（$\lambda \simeq 380\,\text{nm}$）のときには $\lambda < \lambda_0$ であるから光電効果は起こる．

8 例題 3 の (3)（p.23）から V を解くと次のように表される．

$$V = \frac{h^2}{2me\lambda^2}$$

上式に数値を代入し

$$\text{J}^2 \cdot \text{s}^2 \cdot \text{kg}^{-1} \cdot \text{C}^{-1} \cdot \text{m}^{-2} = \text{J} \cdot \text{C}^{-1} = \text{V}$$

に注意すると V は次のようになる．

$$V = \frac{(6.63 \times 10^{-34})^2\,\text{J}^2 \cdot \text{s}^2}{2 \times 9.11 \times 10^{-31}\,\text{kg} \times 1.60 \times 10^{-19}\,\text{C} \times (589 \times 10^{-9})^2\,\text{m}^2}$$
$$= 4.35 \times 10^{-6}\,\text{V}$$

第 3 章

1 電池の陽極，陰極間の距離を l とする（下図）．電場は陽極から陰極に向かって発生するから，電子が負の電荷をもつ点に注意すると，電子に働く力は陰極から陽極に向かって働く（下図）．この力の大きさは

$$eV \cdot l^{-1}$$

と書ける．この力に逆らい，電子を陽極から陰極へと運ぶのに必要な仕事（エネルギー）はこの式に l を掛け eV と表される．

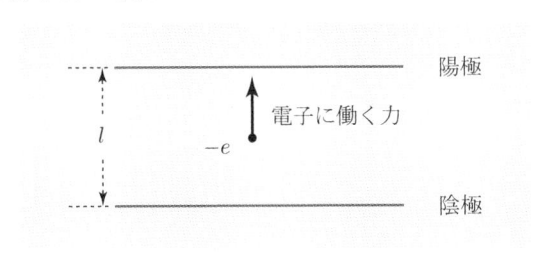

2 (3.4)（p.34）で λ が最小になるのは $n = 1$, $n' = \infty$ の場合である．この場合の λ は

$$\lambda = \frac{1}{R_\infty}$$

と表される．数値を代入し
$$\lambda = \frac{1}{1.097373 \times 10^7\,\mathrm{m^{-1}}} = 9.113 \times 10^{-8}\,\mathrm{m}$$
と計算される．この波長は真空紫外線に属する．

3　与えられた数値を代入し
$$R_\infty = \frac{me^4}{8\varepsilon_0^2 ch^3}$$
$$= \frac{9.1094 \times 10^{-31} \times (1.6022 \times 10^{-19})^4}{8 \times (8.8542 \times 10^{-12})^2 \times 2.9979 \times 10^8 \times (6.6261 \times 10^{-34})^3}\,\mathrm{m^{-1}}$$
$$= 1.0974 \times 10^7\,\mathrm{m^{-1}}$$
となる．

4　電子の陽子に関する相対運動の力学的エネルギー E は
$$E = \frac{\mu v^2}{2} - \frac{e^2}{4\pi\varepsilon_0 r}$$
と表されるので，電子が陽子から無限遠に離れていて，静止しているとき $E = 0$ である．すなわち，水素原子がイオンになっているときがエネルギーの原点となる．通常，水素原子は基底状態にあると考えられ，よって電離化エネルギー E_i は，$\mu \simeq m$ とすれば基底状態のエネルギー
$$E = -\frac{e^2}{8\pi\varepsilon_0 a}$$
の符号を逆転し
$$E_\mathrm{i} = \frac{e^2}{8\pi\varepsilon_0 a}$$
と書ける．これに数値を代入すると
$$E_\mathrm{i} = \frac{(1.602 \times 10^{-19})^2}{8\pi \times 8.854 \times 10^{-12} \times 0.529 \times 10^{-10}}\,\mathrm{J}$$
$$= 2.18 \times 10^{-18}\,\mathrm{J}$$
と計算される．$1\,\mathrm{eV} = 1.60 \times 10^{-19}\,\mathrm{J}$ が成り立つので eV 単位で E_i は次のようになる．
$$E_\mathrm{i} = \frac{2.18 \times 10^{-18}}{1.60 \times 10^{-19}}\,\mathrm{eV} = 13.6\,\mathrm{eV}$$

5　電子の運動量は一定の大きさ p をもち，円の接線方向を向く．q という座標は円周に沿う長さであると考えれば，電子が円を 1 周するとき (3.18)（p.40）の量子条件は
$$2\pi r p = nh$$
と書ける．電子の角運動量の大きさは $L = rp$ となるので，ド・ブロイの関係 $\lambda = h/p$ に注意すると，上式は (3.8)（p.36）に帰着する．

6　$0 < x < L$ の範囲で運動量の大きさ $p\,(>0)$ で運動する質点は，図 3.13 で右向き

に進み運動エネルギー $E = p^2/2m$ をもつ．質点に外力は働かないと仮定しているのでこの E は一定である．$x = L$ の壁に質点が衝突すると $p \to -p$ となり，衝突後質点は左向きに運動し，$x = 0$ の壁と衝突する．この衝突では，$-p \to p$ と変化し，以後同じ運動を繰り返し，したがって質点の xp 面上での軌道は図 3.14 のように表される．この軌道が囲む面積は $2pL$ と書け，量子条件 (3.18)（p.40）から $2pL = nh$ となる．あるいは $\hbar$ を用いると $pL = n\pi\hbar$ と表される．このため質点のエネルギーは

$$E = \frac{p^2}{2m} = \frac{n^2\pi^2\hbar^2}{2mL^2}$$

と書ける．$n = 0$ では $p = 0$ となり質点は運動しないので，この場合は除外することとする．こうしてエネルギー準位は次のように求まる．量子力学のシュレーディンガー方程式を用いても全く同じ結果が導かれる（5.2 節）．

$$E_n = \frac{n^2\pi^2\hbar^2}{2mL^2} \quad (n = 1, 2, 3, \cdots)$$

第4章

1 p.49 の (1) の $\boldsymbol{k}$ は波の伝わる向きを指定する．したがって，$\boldsymbol{k}$ と $\boldsymbol{u}_0$ とが平行であれば縦波，$\boldsymbol{k}$ と $\boldsymbol{u}_0$ とが垂直であれば横波を表す．

2 $x = t = 0$ の条件から例題 1（p.49）の φ は $\varphi = 0$ であることがわかる．f に対して $f = 1/T$ の関係が成り立つので与式が得られる．実際

$$t \to t + T, \quad x \to x + \lambda$$

とすれば波動量は元の値に戻るので T は周期，λ は波長であることがわかる．

3 例題 1 の結果により，cm, s の単位を使うと変位は

$$u = 6\sin\left[2\pi\left(30t - \frac{x}{24}\right) + \frac{\pi}{6}\right]$$

と表される．$t = (1/60)\,\mathrm{s}$, $x = 10\,\mathrm{cm}$ を代入し

$$u = 6\sin\left[2\pi\left(\frac{30}{60} - \frac{10}{24}\right) + \frac{\pi}{6}\right] = 6\sin\left(\pi - \frac{5\pi}{6} + \frac{\pi}{6}\right)$$
$$= 6\sin\frac{\pi}{3} = 3\sqrt{3}$$

と計算される．したがって，変位は $3\sqrt{3}\,\mathrm{cm}$ である．

4 (a) 次の関係式が成り立つ．

$$\frac{\sin\left(\frac{\pi}{2} - \theta_1\right)}{\sin\left(\frac{\pi}{2} - \theta_2\right)} = \frac{\cos\theta_1}{\cos\theta_2} = \frac{v_1}{v_2}$$

(b) $\cos\theta_2 = 12/13$ から $\sin\theta_2 = 5/13$ と計算され，これから $\tan\theta_2 = 5/12$ となる．したがって，下図に示すように D, E をとれば DE $= 0.4 \times 12/5 = 0.96$ と表される．これから OC $= \sqrt{1.5^2 + 0.8^2} = 1.7$ と書け
$$\cos\theta_1 = \frac{1.5}{1.7}$$
が得られる．(a) の結果を用いると，次のようになる．
$$\frac{v_1}{v_2} = \frac{1.5 \times 13}{1.7 \times 12} = \frac{65}{68}$$

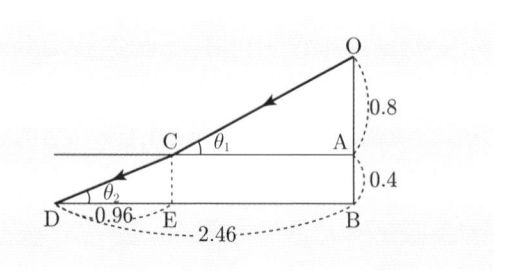

5 水面波は水深の浅いほど速さは遅くなる．したがって，遠浅の岸では，海岸に近づくにつれて波の速さは小さくなる．このため，海岸線と平行でない波面が近づくと，岸に近い場所の波は比較的遅く，岸から遠い場所の波は比較的速く進むので，次第に波の速さは同じになり波面は海岸線と平行になってくる（右図）．

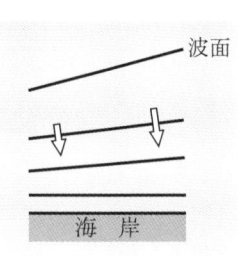

6 A, B からの距離を r_1, r_2 とすれば，振幅は 0 という条件は
$$|r_2 - r_1| = \frac{\lambda}{2}(2m+1) \tag{1}$$
となる．長さを cm 単位で表すと題意により
$$r_1 + r_2 = 5 \tag{2}$$
と書ける．(1), (2) を満たす r_1 の値は
$$r_1 = 1.0,\ 2.0,\ 3.0,\ 4.0$$
の 4 つであるから，4 個できる．

7 (a) $10 \times \log 2 \fallingdotseq 3\,\text{dB}$
(b) $10 \times \log 10 = 10\,\text{dB}$

8 デシベルの定義 (4.17) (p.54) から $90 = 10\log(I/I_0)$ となる．よって
$$I = 10^9 I_0 = 10^9 \times 10^{-12} \,\text{W}\cdot\text{m}^{-2} = 10^{-3}\,\text{W}\cdot\text{m}^{-2}$$
と表される．

9 腹 ⇄ 節 という対応をさせれば開管の固有振動は両端が固定端である弦の横振動と等価である．したがって，固有振動数は
$$f_n = \frac{v}{2L} n \quad (n = 1, 2, \cdots)$$
で与えられる．

第 5 章

1 $k \to 0$ で $\lambda \to \infty$ となり，物質を構成する原子は電磁波の影響を受けない．これから，$k \to 0$ の極限では
$$\omega = ck \quad (c \text{ は真空中の光速}) \tag{1}$$
となり，この関係は図 5.1 (p.63) あるいは図 5.7 の原点を通る直線として表される．物質中では光の速さを v とすれば，屈折率を n とし $v = c/n$ と書けるので (1) の代わりに
$$\omega = \frac{c}{n} k \tag{2}$$
を使う必要がある．k が大きくなると，λ は小さくなり，光では 赤 → 藍 に移行する．その結果 n は大きくなり (2) の係数は減少する．したがって，図 5.7 の (b) が正しい．

2 $m = 9.11 \times 10^{-31}$ kg, $\hbar = 1.05 \times 10^{-34}$ J·s, $k = 10^{10}$ m^{-1} を $E = \hbar^2 k^2/2m$ に代入すると次のようになる．
$$E = \frac{1.05^2 \times 10^{-68}\,\text{J}^2\cdot\text{s}^2 \times 10^{20}\,\text{m}^{-2}}{2 \times 9.11 \times 10^{-31}\,\text{kg}} = 6.05 \times 10^{-19}\,\text{J}$$
$$= \frac{6.05 \times 10^{-19}}{1.60 \times 10^{-19}}\,\text{eV} = 3.78\,\text{eV}$$

3 オイラーの公式（演習問題 2, p.14）により
$$e^{i\theta} = \cos\theta + i\sin\theta$$
が成立する．したがって，次式のようになる．
$$|e^{i\theta}| = \sqrt{\cos^2\theta + \sin^2\theta} = 1$$

4 シュレーディンガーの時間によらない波動方程式は線形で，もし波動関数 ψ が $H\psi = E\psi$ を満たせばこれを定数倍した $c\psi$ も解である．そこで，定数 c を適当に選べば考える領域 V に関して題意のようにとることができる．

5　体系の波動関数 $\psi(x,y,z,t)$ は，時間を含むシュレーディンガー方程式

$$-\frac{\hbar}{i}\frac{\partial \psi}{\partial t} = -\frac{\hbar^2}{2m}\Delta \psi + U\psi \tag{1}$$

に従い，時間，空間的に変化していく．x の量子力学的な平均値 $\langle x \rangle$ は

$$\langle x \rangle = \int_V \psi^* x \psi dV \tag{2}$$

で与えられる．ここで ψ^* は ψ の共役複素数を表す．ψ, ψ^* は時間 t を含むから，当然 $\langle x \rangle$ は t の関数となる．(2) を t で微分すると

$$\frac{d\langle x \rangle}{dt} = \int_V \psi^* x \frac{\partial \psi}{\partial t} dV + \int_V \frac{\partial \psi^*}{\partial t} x \psi dV \tag{3}$$

となる．(1) で t, x, y, z, U が実数であることに注意し，この式の共役複素数をとると

$$\frac{\hbar}{i}\frac{\partial \psi^*}{\partial t} = -\frac{\hbar^2}{2m}\Delta \psi^* + U\psi^* \tag{4}$$

が得られる．(1), (4) を (3) に代入すると，U を含む項は消え，次のようになる．

$$\frac{d\langle x \rangle}{dt} = \frac{i\hbar}{2m}\int_V [x\psi^*\Delta\psi - x\psi\Delta\psi^*]dV \tag{5}$$

(5) を変形するため，部分積分を適用する．いまは波束を考えているので，$x \to \pm\infty$ で $\psi \to 0$ が成り立ち，例えば

$$\int_V x\psi^* \frac{\partial^2 \psi}{\partial x^2} dV = \int_V \frac{\partial^2 (x\psi^*)}{\partial x^2} \psi dV$$

と書け，同様に

$$\int_V x\psi^* \frac{\partial^2 \psi}{\partial y^2} dV = \int_V \frac{\partial^2 (x\psi^*)}{\partial y^2} \psi dV$$

$$\int_V x\psi^* \frac{\partial^2 \psi}{\partial z^2} dV = \int_V \frac{\partial^2 (x\psi^*)}{\partial z^2} \psi dV$$

となる．ここで

$$\frac{\partial^2 (x\psi^*)}{\partial x^2} = x\frac{\partial^2 \psi^*}{\partial x^2} + 2\frac{\partial \psi^*}{\partial x}$$

の関係を使い，上記の 3 式を加えると

$$\int_V x\psi^* \Delta\psi dV = \int_V \left(x\psi\Delta\psi^* + 2\frac{\partial \psi^*}{\partial x}\psi\right) dV$$

が得られる．これを (5) に代入すると

$$\frac{d\langle x \rangle}{dt} = \frac{i\hbar}{m}\int_V \frac{\partial \psi^*}{\partial x}\psi dV$$

となり，再び部分積分を利用すると
$$\frac{d\langle x\rangle}{dt} = \frac{1}{m}\int_V \psi^* \frac{\hbar}{i}\frac{\partial \psi}{\partial x} dV \tag{6}$$
が導かれる．ここで，運動量の x 成分 p_x の平均値は
$$\langle p_x\rangle = \frac{\hbar}{i}\int_V \psi^* \frac{\partial \psi}{\partial x} dV \tag{7}$$
と書けることに注意する．(6), (7) から
$$\frac{d\langle x\rangle}{dt} = \frac{\langle p_x\rangle}{m} \tag{8}$$
が得られる．同様な式が y, z 方向に対しても成立し，ベクトル記号で表すと
$$\frac{d\langle \bm{r}\rangle}{dt} = \frac{\langle \bm{p}\rangle}{m} \tag{9}$$
となり，(5.22)（p.70）の左式が導かれる．(9) は古典力学における
$$\frac{d\bm{r}}{dt} = \frac{\bm{p}}{m}$$
に相当する式で，位置ベクトル，運動量の量子力学的な平均値に対し古典論と同じ関係が成り立つことを示す．

次に $\langle p_x\rangle$ に対する運動方程式を導出しよう．(7) を t で微分し，(1), (4) を用いると
$$\frac{d\langle p_x\rangle}{dt} = \frac{\hbar}{i}\int_V \left(\psi^* \frac{\partial^2 \psi}{\partial x \partial t} + \frac{\partial \psi^*}{\partial t}\frac{\partial \psi}{\partial x}\right) dV$$
$$= \int_V \left[\psi^* \frac{\partial}{\partial x}\left(\frac{\hbar^2 \Delta \psi}{2m} - U\psi\right) + \frac{\partial \psi^*}{\partial x}\left(-\frac{\hbar^2 \Delta \psi^*}{2m} + U\psi^*\right)\right] dV$$
となる．ここで
$$\frac{\partial}{\partial x}\Delta\psi = \Delta\frac{\partial \psi}{\partial x}$$
に注意し，前と同様，部分積分を利用すると
$$\int_V \psi^* \frac{\partial \Delta\psi}{\partial x} dV = \int_V \psi^* \Delta \frac{\partial \psi}{\partial x} dV = \int_V \frac{\partial \psi}{\partial x}\Delta\psi^* dV$$
が得られる．したがって
$$\frac{d\langle p_x\rangle}{dt} = \int_V \psi^* \left[\frac{\partial(U\psi)}{\partial x} - U\frac{\partial \psi}{\partial x}\right] dV$$
$$= -\int_V \psi^* \frac{\partial U}{\partial x}\psi dV \tag{10}$$
が導かれる．力 $\bm{F}$ を
$$\bm{F} = -\nabla U \tag{11}$$

で定義すれば (10) は

$$\frac{d\langle p_x\rangle}{dt}=\langle F_x\rangle \qquad (12)$$

と書ける．(12) をベクトル的に表したものが (5.22) (p.70) の右式である．右図のように，波束の広がりが十分小さく，波束の中で $-\partial U/\partial x$ がほぼ一定とみなせば

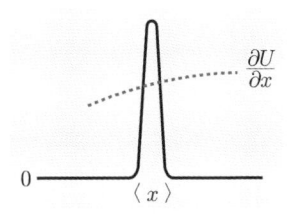

$$\langle F_x\rangle=-\int_V \psi^*\frac{\partial U}{\partial x}\psi dV=-\frac{\partial U}{\partial x}\int_V \psi^*\psi dV=-\frac{\partial U}{\partial x}$$

とおける．ただし，波動関数 ψ は規格化されているものとした．結局，波束を考えその中で $\boldsymbol{F}$ がゆっくり変化しているとき，量子力学は古典力学に帰着する．

6 (a) δ 関数の構成法からわかるように，$\delta(x-x')$ を x の関数として考えた場合 x が x' に等しいときだけ ∞ で他は 0 である．x が右から x' に近づくか，左から近づくかによって $f(x)$ の値が違うようだと $f(x')$ の取り方に困る．しかし，そうでないとき，すなわち $f(x)$ が連続だと (1) が成り立つ．

(b) $\delta(x-x')$ の積分値は図 5.8 の斜線部の面積に等しくこれは ε と無関係で 1 に等しい．(1) を x に関して積分すれば (3) が導かれる．

第 6 章

1 題意のシュレーディンガー方程式は

$$-\frac{\hbar^2}{2m}\frac{\partial^2\psi}{\partial x^2}+U\psi=E\psi$$

と表される．したがって，③ が正解である．

2 $[A,BC]$ は次のように変形される．

$$[A,BC]=ABC-BCA=(AB-BA)C+B(AC-CA)$$
$$=[A,B]C+B[A,C]$$

また，上式を繰り返し利用して次式が得られる．

$$[p_x,x^2]=[p_x,x]x+x[p_x,x]=2(\hbar/i)x$$
$$[p_x,x^3]=[p_x,x^2]x+x^2[p_x,x]=3(\hbar/i)x^2$$
$$[p_x,x^4]=[p_x,x^3]x+x^3[p_x,x]=4(\hbar/i)x^3$$
$$\vdots$$
$$[p_x,x^n]=[p_x,x^{n-1}]x+x^{n-1}[p_x,x]=n(\hbar/i)x^{n-1}$$

3 $f(x)$ が
$$f(x) = \sum_{n=0}^{\infty} a_n x^n$$
と x のべき級数に展開できるときには演習問題 2 の結果を使って
$$[p_x, f(x)] = \sum_{n=0}^{\infty} a_n [p_x, x^n] = \frac{\hbar}{i} \sum_{n=0}^{\infty} n a_n x^{n-1}$$
$$= \frac{\hbar}{i} \frac{df(x)}{dx} \tag{1}$$
が得られる．一般には任意の ψ に対して
$$p_x f \psi = \frac{\hbar}{i} \frac{\partial}{\partial x}(f\psi) = \frac{\hbar}{i}\left(f\frac{\partial \psi}{\partial x} + \frac{\partial f}{\partial x}\psi\right)$$
が得られ
$$(p_x f - f p_x)\psi = \frac{\hbar}{i}\frac{\partial f}{\partial x}\psi$$
となり，ψ は任意であるから
$$p_x f - f p_x = \frac{\hbar}{i}\frac{\partial f}{\partial x} \tag{2}$$
と書ける．y, z は固定されているとするので d/dx は $\partial/\partial x$ と同じ意味をもち，(1) と (2) は一致する．

4 $U(x, y, z)$ は実関数でエルミート演算子である．$\boldsymbol{p}^2$ は
$$\boldsymbol{p}^2 = p_x^2 + p_y^2 + p_z^2$$
と書けるが，このうちの 1 項 p_x^2 を考えると
$$(p_x^2)^\dagger = p_x^\dagger p_x^\dagger = p_x p_x = p_x^2$$
となりエルミート演算子である．したがって，ハミルトニアン $\boldsymbol{p}^2/2m + U(x, y, z)$ はエルミート演算子である．

5 1 辺の長さ L の立方体の箱を運動する質量 m の自由粒子を考える．図のように，この立方体の各辺に沿って x, y, z 軸をとる．エネルギー固有値を E とすれば，この体系に対するシュレーディンガー方程式は次式で与えられる．
$$-\frac{\hbar^2}{2m}\Delta\psi = E\psi \tag{1}$$
あるいはラプラシアンの定義を用いると

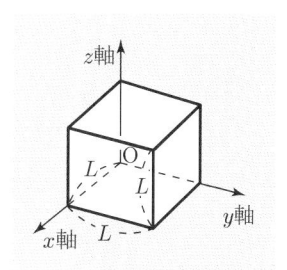

$$-\frac{\hbar^2}{2m}\left(\frac{\partial^2 \psi}{\partial x^2}+\frac{\partial^2 \psi}{\partial y^2}+\frac{\partial^2 \psi}{\partial z^2}\right)=E\psi \tag{2}$$

となる. (2) を解く1つの方法は

$$\psi(x,y,z)=X(x)Y(y)Z(z) \tag{3}$$

と仮定することで,このような解法を**変数分離**の方法という. (3) を (2) に代入し,全体を XYZ で割ると次式が得られる.

$$-\frac{\hbar^2}{2m}\left(\frac{X''}{X}+\frac{Y''}{Y}+\frac{Z''}{Z}\right)=E \tag{4}$$

ただし,上式で $'$ は微分を表し例えば $X''=d^2X/dx^2$ を意味する. (4) で x,y,z の関数の和が一定であるから, a,b,c を定数として

$$\frac{X''}{X}=a, \quad \frac{Y''}{Y}=b, \quad \frac{Z''}{Z}=c \tag{5}$$

でなければならない. a が正だと $X \propto \exp\pm\sqrt{a}\,x$ という形となり, $X(0)=X(L)$, $X'(0)=X'(L)$ という周期的境界条件が実現できない.したがって, a,b,c は負でこれらを $a=-k_x^2$, $b=-k_y^2$, $c=-k_z^2$ とおく.その結果,次の平面波

$$\psi=Ae^{i\boldsymbol{k}\cdot\boldsymbol{r}} \tag{6}$$

は方程式の解で,波数ベクトル $\boldsymbol{k}$ は p.7 と同様

$$\boldsymbol{k}=\frac{2\pi}{L}(l,m,n) \quad (l,m,n=0,\pm 1,\pm 2,\cdots) \tag{7}$$

で与えられる. $|e^{i\boldsymbol{k}\cdot\boldsymbol{r}}|=1$ であるから規格化の条件から (6) の定数 A は $A=1/\sqrt{V}$ と求まり,題意のようになる.

6 固有ケットに対する方程式は

$$Q|m\rangle=\lambda_m|m\rangle, \quad Q|n\rangle=\lambda_n|n\rangle \tag{1}$$

となる. (1) の右式から $\langle m|Q|n\rangle=\lambda_n\langle m|n\rangle$ で,同じように (1) の左式から $\langle n|Q|m\rangle=\lambda_m\langle n|m\rangle$ が得られるが,この式の共役複素数をとり Q がエルミート演算子であること, λ_m が実数であることに注意すると

$$\langle m|Q|n\rangle=\lambda_m\langle m|n\rangle$$

となる.こうして

$$(\lambda_m-\lambda_n)\langle m|n\rangle=0 \tag{2}$$

が得られ, (2) から $\lambda_m \neq \lambda_n$ だと $\langle m|n\rangle=0$ が成り立つことがわかる.

7 p.87 の (3) で $e^{-iHt/\hbar}$ のエルミート共役をとるには $-i \to i$ とすればよい.すなわち $(e^{-iHt/\hbar})^\dagger=e^{iHt/\hbar}$ と書ける.一般に

$$\int_V (P\psi_1)^*\psi_2\,dV=\int_V \psi_1^* P^\dagger \psi_2\,dV$$

であるから，これを利用すると

$$Q_{mn} = \int_V [e^{-iHt/\hbar}\psi_m(0)]^* Q e^{-iHt/\hbar}\psi_n(0) dV$$
$$= \int_V \psi_m^*(0) e^{iHt/\hbar} Q e^{-iHt/\hbar}\psi_n(0) dV$$

となって (6)（p.87）が導かれる．

8 (8)（p.87）の Q として x をとると，左辺は速度の x 成分を表すと考えられる．この場合，同式は

$$\frac{dx(t)}{dt} = \frac{i}{\hbar}[Hx(t) - x(t)H]$$

と書けるが，$e^{iHt/\hbar}$ あるいは $e^{-iHt/\hbar}$ が H と可換なことを用いると

$$\frac{dx(t)}{dt} = \frac{i}{\hbar} e^{iHt/\hbar}[H, x] e^{-iHt/\hbar}$$

となる．ここで，x は U, p_y, p_z と可換なので H と x の交換子に対して

$$[H, x] = \frac{1}{2m}[p_x^2, x]$$

が成り立つ．ここで

$$[p_x^2, x] = p_x[p_x, x] + [p_x, x]p_x, \quad [p_x, x] = \frac{\hbar}{i}$$

を使うと

$$\frac{dx(t)}{dt} = \frac{e^{iHt/\hbar} p_x e^{-iHt/\hbar}}{m} = \frac{p_x(t)}{m}$$

が得られる．y, z も同様で結果をベクトルで表すと

$$\frac{d\boldsymbol{r}(t)}{dt} = \frac{\boldsymbol{p}(t)}{m}$$

となり，古典力学と同じ結果が求まる．

第7章

1 L_x, L_y はともにエルミート演算子であるから

$$L_+^\dagger = L_x - iL_y = L_-$$

となる．同様に

$$L_-^\dagger = L_x + iL_y = L_+$$

となる．

2 $L_z L_+ - L_+ L_z = \hbar L_+$ のエルミート共役をとり

$$L_-L_z - L_zL_- = \hbar L_-$$

となって与式が得られる．

3 $(D_+)_{M,M-1}$ と $(D_-)_{M-1,M}$ は互いに複素共役の関係にあるから (7.19) (p.94) により $(D_+)_{M,M-1}$ の偏角を θ_M とすれば

$$(D_+)_{M,M-1} = \sqrt{(J+M)(J-M+1)}\, e^{i\theta_M}$$

となる．この式で $M \to M+1$ とすれば

$$(D_+)_{M+1,M} = \sqrt{(J+M+1)(J-M)}\, e^{i\theta_{M+1}}$$

と書け，これは

$$D_+\psi_M = \sqrt{(J+M+1)(J-M)}\, \psi_{M+1} e^{i\theta_{M+1}}$$

と等価である．同様に

$$(D_-)_{M-1,M} = \sqrt{(J+M)(J-M+1)}\, e^{-i\theta_M}$$

が得られ，これは

$$D_-\psi_M = \sqrt{(J+M)(J-M+1)}\, \psi_{M-1} e^{-i\theta_M}$$

と同じになる．このように一般には (7.20), (7.21) には絶対値 1 の複素数が含まれるが，物理的な結果には影響しないので，これらは実数としてよい．

4 (a) $\boldsymbol{D}^2 = D_x^2 + D_y^2 + D_z^2$
$\qquad = (D_x + iD_y)(D_x - iD_y) + i(D_xD_y - D_yD_x) + D_z^2$
$\qquad = D_+D_- - D_z + D_z^2$

(b) $\boldsymbol{D}^2\psi_M = D_+D_-\psi_M - D_z\psi_M + D_z^2\psi_M$
$\qquad = D_+(\sqrt{(J+M)(J-M+1)}\, \psi_{M-1}) - M\psi_M + M^2\psi_M$
$\qquad = [(J+M)(J-M+1) - M + M^2]\psi_M$
$\qquad = J(J+1)\psi_M$

5 $\sigma_x^2 = \begin{bmatrix} 0 & 1 \\ 1 & 0 \end{bmatrix} \begin{bmatrix} 0 & 1 \\ 1 & 0 \end{bmatrix} = \begin{bmatrix} 1 & 0 \\ 0 & 1 \end{bmatrix} = \mathbf{1}$

$\sigma_y^2 = \begin{bmatrix} 0 & -i \\ i & 0 \end{bmatrix} \begin{bmatrix} 0 & -i \\ i & 0 \end{bmatrix} = \begin{bmatrix} 1 & 0 \\ 0 & 1 \end{bmatrix} = \mathbf{1}$

$\sigma_z^2 = \begin{bmatrix} 1 & 0 \\ 0 & -1 \end{bmatrix} \begin{bmatrix} 1 & 0 \\ 0 & -1 \end{bmatrix} = \begin{bmatrix} 1 & 0 \\ 0 & 1 \end{bmatrix} = \mathbf{1}$

$$\sigma_x\sigma_y + \sigma_y\sigma_x = \begin{bmatrix} 0 & 1 \\ 1 & 0 \end{bmatrix}\begin{bmatrix} 0 & -i \\ i & 0 \end{bmatrix} + \begin{bmatrix} 0 & -i \\ i & 0 \end{bmatrix}\begin{bmatrix} 0 & 1 \\ 1 & 0 \end{bmatrix}$$

$$= \begin{bmatrix} i & 0 \\ 0 & -i \end{bmatrix} + \begin{bmatrix} -i & 0 \\ 0 & i \end{bmatrix} = \mathbf{0}$$

$$\sigma_y\sigma_z + \sigma_z\sigma_y = \begin{bmatrix} 0 & -i \\ i & 0 \end{bmatrix}\begin{bmatrix} 1 & 0 \\ 0 & -1 \end{bmatrix} + \begin{bmatrix} 1 & 0 \\ 0 & -1 \end{bmatrix}\begin{bmatrix} 0 & -i \\ i & 0 \end{bmatrix}$$

$$= \begin{bmatrix} 0 & i \\ i & 0 \end{bmatrix} + \begin{bmatrix} 0 & -i \\ -i & 0 \end{bmatrix} = \mathbf{0}$$

$$\sigma_z\sigma_x + \sigma_x\sigma_z = \begin{bmatrix} 1 & 0 \\ 0 & -1 \end{bmatrix}\begin{bmatrix} 0 & 1 \\ 1 & 0 \end{bmatrix} + \begin{bmatrix} 0 & 1 \\ 1 & 0 \end{bmatrix}\begin{bmatrix} 1 & 0 \\ 0 & -1 \end{bmatrix}$$

$$= \begin{bmatrix} 0 & 1 \\ -1 & 0 \end{bmatrix} + \begin{bmatrix} 0 & -1 \\ 1 & 0 \end{bmatrix} = \mathbf{0}$$

6 題意が成り立つとし任意の 2×2 の行列に対して

$$\begin{bmatrix} a_{11} & a_{12} \\ a_{21} & a_{22} \end{bmatrix} = A\begin{bmatrix} 1 & 0 \\ 0 & 1 \end{bmatrix} + B\begin{bmatrix} 0 & 1 \\ 1 & 0 \end{bmatrix} + C\begin{bmatrix} 0 & -i \\ i & 0 \end{bmatrix} + D\begin{bmatrix} 1 & 0 \\ 0 & -1 \end{bmatrix}$$

と書けるとする．両辺の各行列要素を比較すると

$$A + D = a_{11}, \quad B - iC = a_{12}, \quad B + iC = a_{21}, \quad A - D = a_{22}$$

が成り立つ．したがって，A, B, C, D は

$$A = \frac{a_{11}+a_{22}}{2}, \quad B = \frac{a_{12}+a_{21}}{2}, \quad C = \frac{i(a_{12}-a_{21})}{2}, \quad D = \frac{a_{11}-a_{22}}{2}$$

のように求まる．あるいは

$$\begin{bmatrix} 1 & 1 & 0 & 0 \\ 1 & -1 & 0 & 0 \\ 0 & 0 & 1 & -i \\ 0 & 0 & 1 & i \end{bmatrix}\begin{bmatrix} A \\ D \\ B \\ C \end{bmatrix} = \begin{bmatrix} a_{11} \\ a_{22} \\ a_{12} \\ a_{21} \end{bmatrix}$$

$$\begin{vmatrix} 1 & 1 & 0 & 0 \\ 1 & -1 & 0 & 0 \\ 0 & 0 & 1 & -i \\ 0 & 0 & 1 & i \end{vmatrix} = -4i$$

で，係数の作る行列式が 0 でないから連立方程式は解けることになる．

7 フェルミ波数 k_F は p.101 のコラム欄により

$$k_\mathrm{F} = (3\pi^2\rho)^{1/3}$$

で与えられる．フェルミエネルギー E_F はフェルミ面上の電子のエネルギーに等しい．したがって

と書けるから次式が得られる．
$$E_\mathrm{F} = \frac{\hbar^2}{2m}(3\pi^2\rho)^{2/3}$$

8 基底状態のエネルギーは以下のように計算される．
$$E = \frac{2V}{(2\pi)^3}\int_V \frac{\hbar^2 k^2}{2m} d\boldsymbol{k} = \frac{V\hbar^2}{2m\pi^2}\int_0^{k_\mathrm{F}} k^4 dk$$
$$= \frac{V\hbar^2 k_\mathrm{F}^5}{10m\pi^2}$$

$\hbar^2 k_\mathrm{F}^2/2m = E_\mathrm{F}$, $k_\mathrm{F}^3 = 3\pi^2\rho = 3\pi^2 N/V$ に注意すれば次式のようになる．
$$\frac{E}{N} = \frac{3}{5}E_\mathrm{F}$$

9 銀は貴金属で1価元素であるから，1モルの銀中にはモル分子数 6.02×10^{23} 個の電子が含まれ，電子の数密度 ρ は
$$\rho = \frac{6.02\times 10^{23}}{10.3}\,\mathrm{cm}^{-3} = 5.84\times 10^{28}\,\mathrm{m}^{-3}$$
でフェルミ波数 k_F は
$$k_\mathrm{F} = (3\pi^2\rho)^{1/3} = 1.20\times 10^{10}\,\mathrm{m}^{-1}$$
となる．$\hbar = 1.055\times 10^{-34}\,\mathrm{J\cdot s}$, $m = 9.11\times 10^{-31}\,\mathrm{kg}$ を使うとフェルミエネルギー E_F は次のようになる．
$$E_\mathrm{F} = \frac{1.055^2\times 10^{-68}\,\mathrm{J^2\cdot s^2}\times 1.20^2\times 10^{20}\,\mathrm{m}^{-2}}{2\times 9.11\times 10^{-31}\,\mathrm{kg}} = 8.80\times 10^{-19}\,\mathrm{J}$$

10 ボルツマン定数 $k_\mathrm{B} = 1.38\times 10^{-23}\,\mathrm{J\cdot K^{-1}}$ を使い T_F は次のように計算される．
$$T_\mathrm{F} = \frac{8.80\times 10^{-19}\,\mathrm{J}}{1.38\times 10^{-23}\,\mathrm{J\cdot K^{-1}}} = 6.38\times 10^4\,\mathrm{K}$$

第8章

1 例題1中の (2) (p.105) に $\psi_0 = u$, $W_0 = E_n$, $\psi_1 = \sum a_m u_m$ を代入すると
$$H_0\left(\sum_m a_m u_m\right) + H' u_n = E_n \sum_m a_m u_m + W_1 u_n$$
となる．H_0 が線形であることに注意すれば
$$\sum_m a_m E_m u_m + H' u_n = E_n \sum_m a_m u_m + W_1 u_n$$

が得られる．左側から u_k^* を掛け領域 V 内で積分し，規格直交性を利用すると

$$E_k a_k + \int_V u_k^* H' u_n dV = E_n a_k + W_1 \delta_{nk}$$

と書ける．上式で行列の記号を使えば (5) が導かれる．例題 1 中の (3) により

$$\sum_m b_m E_m u_m + H' \sum_m a_m u_m = E_n \sum_m b_m u_m + W_1 \sum_m a_m u_m + W_2 u_n$$

となる．上式に u_k^* を掛け積分すると

$$b_k E_k + \sum_m a_m H'_{km} = E_n b_k + W_1 a_k + W_2 \delta_{nk}$$

となって (7) が得られる．

2 H は

$$H = H_0 + \lambda H' = \begin{bmatrix} E & \lambda H' \\ \lambda H' & E \end{bmatrix}$$

で与えられる．したがって，エネルギー固有値 W を決めるべき永年方程式は

$$\begin{vmatrix} E - W & \lambda H' \\ \lambda H' & E - W \end{vmatrix} = 0 \quad \therefore \quad (E - W)^2 - \lambda^2 H'^2 = 0$$

となり，W は

$$W = E \pm \lambda H'$$

と求まる．摂動論でも同じ結果が得られる．

3 $2\mu^2 r^2 = x$ とおけば

$$r = \frac{x^{1/2}}{\sqrt{2}\,\mu}, \quad dr = \frac{x^{-1/2}}{2\sqrt{2}\,\mu} dx$$

で例題 3 の (2) の分母は次のように計算される．

$$\int_0^\infty e^{-2\mu^2 r^2} r^2 dr = \int_0^\infty e^{-x} \frac{x}{2\mu^2} \frac{x^{-1/2}}{2\sqrt{2}\,\mu} dx = \frac{\Gamma(3/2)}{4\sqrt{2}\,\mu^3} = \frac{\sqrt{\pi}}{8\sqrt{2}\,\mu^3} \quad (1)$$

いまの場合，ハミルトニアンは

$$H = -\frac{\hbar^2}{2m}\left(\frac{d^2}{dr^2} + \frac{2}{r}\frac{d}{dr}\right) - \frac{e^2}{4\pi\varepsilon_0 r}$$

と表される．ここで

$$\frac{d}{dr} e^{-\mu^2 r^2} = -2\mu^2 r e^{-\mu^2 r^2}, \quad \frac{d^2}{dr^2} e^{-\mu^2 r^2} = -2\mu^2 e^{-\mu^2 r^2} + 4\mu^4 r^2 e^{-\mu^2 r^2}$$

を使うと

$$H e^{-\mu^2 r^2} = \frac{\hbar^2}{2m}(6\mu^2 - 4\mu^4 r^2) e^{-\mu^2 r^2} - \frac{e^2}{4\pi\varepsilon_0 r} e^{-\mu^2 r^2}$$

となる．したがって，例題 3 の (2) (p.109) の分子は次のように計算される．

$$\int_0^\infty e^{-\mu^2 r^2}(He^{-\mu^2 r^2})r^2 dr$$
$$= \frac{\hbar^2}{2m}\int_0^\infty (6\mu^2 - 4\mu^4 r^2)r^2 e^{-2\mu^2 r^2}dr - \frac{e^2}{4\pi\varepsilon_0}\int_0^\infty e^{-2\mu^2 r^2}r dr$$
$$= \frac{\hbar^2}{4\sqrt{2}\,m\mu}\int_0^\infty (3e^{-x}x^{1/2} - e^{-x}x^{3/2})dx - \frac{e^2}{16\pi\varepsilon_0\mu^2}$$
$$= \frac{\hbar^2}{4\sqrt{2}\,m\mu}\left(3\frac{\sqrt{\pi}}{2} - \frac{3\sqrt{\pi}}{4}\right) - \frac{e^2}{16\pi\varepsilon_0\mu^2}$$
$$= \frac{\hbar^2}{4\sqrt{2}\,m\mu}\frac{3\sqrt{\pi}}{4} - \frac{e^2}{16\pi\varepsilon_0\mu^2} \tag{2}$$

(2) を (1) で割ると $I(\mu)$ は次のように求まる．
$$I(\mu) = \frac{3\hbar^2\mu^2}{2m} - \frac{\sqrt{2}\,e^2\mu}{2\pi^{3/2}\varepsilon_0} = \frac{3\hbar^2}{2m}\left(\mu^2 - \frac{\sqrt{2}\,me^2\mu}{3\hbar^2\pi^{3/2}\varepsilon_0}\right)$$

上式を変形すれば例題 3 で述べた結果が得られる．

4 題意により
$$\rho = \frac{N}{V} = \frac{6.02\times 10^{23}}{27.6}\,\text{cm}^{-3} = 2.18\times 10^{28}\,\text{m}^{-3}$$

と計算される．このため，国際単位系を使うと
$$\left(\frac{N}{2.612 V}\right)^{2/3} = \left(\frac{2.18\times 10^{28}}{2.612}\right)^{2/3} = (8.346\times 10^{27})^{2/3} = 4.115\times 10^{18}$$

と表される．したがって，T_c は
$$T_c = \frac{6.626^2\times 10^{-68}\times 4.115\times 10^{18}}{2\pi\times 6.64\times 10^{-27}\times 1.381\times 10^{-23}}\,\text{K} = 3.14\,\text{K}$$

と計算される．

5 (8.30) (p.112) を時間に依存するシュレーディンガー方程式に代入すると
$$i\hbar\sum_k\left(\dot{a}_k u_k e^{-iE_k t/\hbar} - \frac{i}{\hbar}E_k a_k u_k e^{-iE_k t/\hbar}\right)$$
$$= \sum_k E_k a_k u_k e^{-iE_k t/\hbar} + \lambda H'\sum_k a_k u_k e^{-iE_k t/\hbar}$$

が得られる．左辺第 2 項と右辺第 1 項は打ち消しあい，両辺に左側から u_m^* を掛け領域 V 内で積分し，行列の記号を使えば規格直交性を利用して
$$i\hbar\dot{a}_m e^{-iE_m t/\hbar} = \lambda\sum_k H'_{mk} a_k e^{-iE_k t/\hbar}$$

となる．(8.32) を使えば (8.31) が導かれる．

6 $a_k^{(0)} = \delta_{kn}$ のとき (8.35) を解き，1 次の摂動項を求めると

$$\dot{a}_m^{(1)} = \frac{1}{i\hbar} H'_{mn} e^{i\omega_{mn} t}$$

である．$m \neq n$ とすれば，$t = 0$ で $a_m^{(1)} = 0$ であるから上式を t で積分し

$$a_m^{(1)} = \frac{H'_{mn}}{i\hbar} \frac{e^{i\omega_{mn} t} - 1}{i\omega_{mn}}$$

が得られる．終状態が離散的なら上式を使い波動関数の 1 次の u_m の係数（**確率振幅**）が求まる．$x = i\omega_{mn} t$ とおけば

$$e^{ix} - 1 = e^{ix/2}(e^{ix/2} - e^{-ix/2}) = 2ie^{ix/2} \sin \frac{x}{2}$$

となり，上式を利用すれば

$$|a_m^{(1)}|^2 = \frac{4|H'_{mn}|^2}{\hbar^2} \frac{\sin^2(\omega_{mn} t/2)}{\omega_{mn}^2}$$

と書ける．簡単のため ω_{mn} を ω と書き，$\sin^2(\omega t/2)/\omega^2$ を ω の関数として図示すると図 8.5 (p.114) のようになる．t が十分大きいと，原点における値は $t^2/4$ で大きくなるが，他の点では図からわかるようにほとんど 0 となる．$t \to \infty$ の極限で，この関数は $\delta(\omega)$ に比例するとしてよい．終状態が稠密に分布する場合，状態密度を導入しエネルギーが E_m と $E_m + \Delta E_m$ との間にある状態数を $\rho(E_m) \Delta E_m$ と定義する．単位時間当たりの遷移確率 w は

$$w = \frac{1}{t} \sum_m |a_m^{(1)}|^2 = \frac{1}{t} \int |a_m^{(1)}|^2 \rho(E_m) dE_m$$

と書けるが，H'_{mn}，$\rho(E_m)$ が m についてゆっくり変わるときにはこれらを積分記号の外に出し，m を f に置き換えてよい．こうして $dE_m = \hbar d\omega$ を使えば

$$w = \frac{1}{t} \frac{4\rho(E_f)|H'_{fi}|^2}{\hbar} \int_{-\infty}^{\infty} \frac{\sin^2(\omega t/2)}{\omega^2} d\omega$$

となる．この積分を計算する際，$\omega t/2 = x$ と積分変数の変換を行うと

$$\int_{-\infty}^{\infty} \frac{\sin^2(\omega t/2)}{\omega^2} d\omega = \frac{t}{2} \int_{-\infty}^{\infty} \frac{\sin^2 x}{x^2} dx$$

$$= \frac{t}{2} \left[-\frac{\sin^2 x}{x} \right]_{-\infty}^{\infty} + \int_{-\infty}^{\infty} \frac{2 \sin x \cos x}{x} dx = \frac{t}{2} \int_{-\infty}^{\infty} \frac{\sin 2x}{x} dx = \frac{\pi t}{2}$$

という結果が導かれる．なお $\sin 2x/x$ の積分に関しては森口，宇田川，一松著：数学公式 I（岩波書店）1956, p.251 を参照せよ．上の事実は文中にあるように $t \to \infty$ の極限で $\sin^2(\omega t)/\omega^2$ が $(\pi t/2)\delta(\omega)$ を示し，(8.36) が得られる．

7 図のように $\bm{k}, \bm{k}_0$ を表せば，$\bm{K} = \bm{k} - \bm{k}_0$ であるから $\bm{K}$ は A から B へ向かうベクトルとなる．$|\bm{k}| = |\bm{k}_0| = k$ とすれば $\triangle$OAB は二等辺三角形で K は次のようになる．

$$K = 2k \sin \frac{\theta}{2}$$

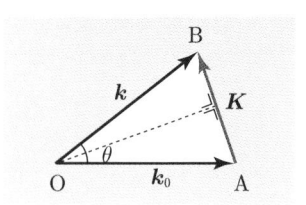

第9章

1 (a) 時間に依存するシュレーディンガー方程式およびその複素共役をとった

$$i\hbar \frac{\partial \psi}{\partial t} = -\frac{\hbar^2}{2m} \nabla^2 \psi + U\psi, \quad -i\hbar \frac{\partial \psi^*}{\partial t} = -\frac{\hbar^2}{2m} \nabla^2 \psi^* + U\psi^*$$

を使うと

$$\frac{\partial}{\partial t} \int_V P dV = \int_V \left(\psi^* \frac{\partial \psi}{\partial t} + \frac{\partial \psi^*}{\partial t} \psi \right) dV = \frac{i\hbar}{2m} \int_V [\psi^* \nabla^2 \psi - (\nabla^2 \psi^*)\psi] dV$$

$$= \frac{i\hbar}{2m} \int_V \mathrm{div}\,[\psi^* \nabla \psi - (\nabla \psi^*)\psi] dV = -\int_V \mathrm{div}\, \bm{S}\, dV$$

となる．上式にガウスの定理［阿部龍蔵著：ベクトル解析入門（サイエンス社）2002，p.62］を適用すると与式が得られる．

(b) 単位時間当たり，V 中の電荷の増え高は S を通じ外部から流れ込む電荷の量に等しい．粒子の存在確率でも同様で，それを数式で表したのが与式である．

2 $\psi_1(0) = 0$ は $x = 0$ が固定端，$\psi_2'(0) = 0$ は $x = 0$ が自由端であるような振動に対応する．

3 $\beta = \sqrt{2m(U_0 - E)}/\hbar$ とおき $m = 9.11 \times 10^{-31}$ kg, $\hbar = 1.05 \times 10^{-34}$ J·s, $1\,\mathrm{eV} = 1.60 \times 10^{-19}$ J を使うと

$$\beta = \frac{\sqrt{2 \times 9.11 \times 10^{-31} \times 2 \times 1.60 \times 10^{-19}}}{1.05 \times 10^{-34}}\,\mathrm{m}^{-1} = 7.27 \times 10^9\,\mathrm{m}^{-1}$$

と計算され $\beta a = 3.64$ となって $\beta a \gg 1$ であると考えてよい．したがって，$\beta a \gg 1$ が成り立ち $\mathrm{sh}\,\beta a \simeq e^{\beta a}/2$ と書け，$\mathrm{sh}\,\beta a = 19.0$ となる．また

$$\frac{E(U_0 - E)}{U_0^2} = \frac{2}{9} = 0.222\cdots$$

で T は

$$T = \frac{0.888}{19.0^2 + 0.888} = 2.45 \times 10^{-3}$$

と計算されほぼ $0.25\,\%$ である．

4 $\psi_1(x), \psi_2(x)$ に対する表式を x で微分すると

$$\psi_1'(x) = \frac{1}{\hbar}\sqrt{2m[E-U(x)]}\cos\left[\frac{1}{\hbar}\int_0^x \sqrt{2m[E-U(x')]}\,dx'\right]$$

$$\psi_2'(x) = -\frac{1}{\hbar}\sqrt{2m[E-U(x)]}\sin\left[\frac{1}{\hbar}\int_0^x \sqrt{2m[E-U(x')]}\,dx'\right]$$

となる．$U(0) = U(a) = 0$ とし，$E = \hbar^2 k^2/2m$ とおけば

$$\psi_1'(0) = k, \quad \psi_1(a) = \sin I, \quad \psi_1'(a) = k\cos I$$
$$\psi_2(0) = 1, \quad \psi_2(a) = \cos I, \quad \psi_2'(a) = -k\sin I$$

が得られる．したがって，例題 2 (p.119) の X に対する結果

$$X = \frac{1}{\psi_1'(0)}[\psi_1'(a) - ik\psi_1(a)] + \frac{1}{\psi_2(0)}\left[\psi_2(a) - \frac{\psi_2'(a)}{ik}\right]$$

に上式を代入すれば次のようになる．

$$X = \frac{1}{k}(k\cos I - ik\sin I) + \cos I + \frac{\sin I}{i} = 2(\cos I - i\sin I)$$

5 $-$ の符号をとると，(9.15) (p.120) の指数関数内の符号は $+$ となり，$\hbar \to 0$ の極限で $T \to \infty$ という物理的に不合理な結果へと導く．このような理由から $+$ の符号を選ぶ必要がある．

6 N は単位面積，単位時間当たりの粒子数であるから [面積]$^{-1}$[時間]$^{-1}$ の次元をもつ．(9.17) (p.122) の $N\sigma(\theta,\varphi)\Delta\Omega$ は [時間]$^{-1}$ の次元をもち，立体角は無次元なため $\sigma(\theta,\varphi)$ は面積の次元をもつ．

7 粒子は単位時間当たり $v = \hbar k/\mu$ だけ進む．したがって，図のように，単位断面積をもち z 方向に伸びた高さ v の角柱状の立体中に含まれる粒子数 N は，この中の粒子の存在確率

$$|A|^2 v \tag{1}$$

に比例する．一方，図の斜線部分の体積は $r^2 v\Delta\Omega$ に等しい．このため，単位時間当たり $\Delta\Omega$ を通過する粒子数は

$$|A|^2 \frac{|f(\theta)|^2}{r^2} r^2 v \Delta\Omega \tag{2}$$

に比例する．後者の粒子数を前者の粒子数で割ったものが $\sigma(\theta,\varphi)\Delta\Omega$ である．(2) を (1) で割ると比例定数が打ち消し合うので，結局次の結果が得られる．

$$\sigma(\theta,\varphi) = |f(\theta)|^2$$

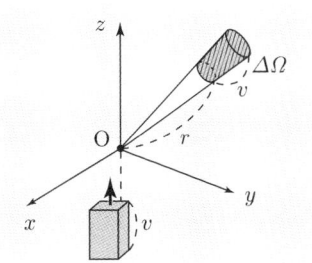

索 引

あ 行

アインシュタイン　18
アインシュタインの関係　18
アインシュタインの光電方程式　8, 19
アボガドロ定数　2
アポロ計画　31
位相　50
位相空間　40
一次元調和振動子　3, 41
一粒子状態　98
一般運動量　40, 41
一般座標　40
色消しレンズ　63
色収差　63
因果律　68
ウィーンの変位則　26
ウイルス　25
宇宙背景放射　59
上向き　97
運動量　40
永久気体　111
永年方程式　106
エーレンフェスト　70
エネルギー準位　38
エルミート演算子　78
エルミート共役　78
エルミート行列　86
エルミート直交　88
演算子　74
オイラーの公式　14, 125
大きさ　55
音の三要素　55
温室効果　30
音波　54

か 行

ガーマー　22
開管　60
回折　52
解離エネルギー　31
可換　76
角運動量　37, 90
角運動量の大きさ　90
核エネルギー　66
楽音　55
核子　10
角振動数　3
角速度　3
確率振幅　145
確率の法則　80
化合物　10
カマリング・オネス　111
換算質量　38
干渉　52
完全系　84
完全黒体　6
完全性　84
完備系　84
基音　58
規格直交系　80
希ガス　99
基礎関数系　87
気柱の縦振動　56
基底状態　36
軌道角運動量　37, 90
基本振動　56
球面調和関数　95
球面波　50
キュリー夫人　11
共振　57
行ベクトル　97
共鳴　57
共役転置行列　86
行列　86

行列要素　86
行列力学　71
協和音　58
極座標　95
虚数単位　48
空気極　30
空洞放射　6
クーロンポテンシャル　11
屈折角　50
屈折の法則　50
クロネッカーの δ　80
結合則　76
ケット　82
ケット・ベクトル　82
弦　56
原子　10
原子核　10
元素　10
弦の横振動　56
光学　44
光学顕微鏡　24
交換可能　76
交換関係　76
交換子　76
光子　18
格子振動　2
光子説　18
向心力　12
合成波　48
光線　50
構造因子　111
光速　11
光電効果　8
光電子　8
光電子増倍管　19
光電臨界振動数　8
光電臨界波長　14
光量子　18
黒体　6

索　引

コッホ　24
固定端　56
古典物理学　1
固有角運動量　37
固有関数　74
固有振動　56
固有値　74
近藤効果　123
近藤淳　123

さ　行

サーモグラフィー　6
作用　121
作用素　74
3倍音　58
3倍振動　56
散乱角　122
散乱振幅　122
散乱問題　115
g因子　96
時間平均　4
試行関数　108
仕事関数　8
始状態　112
下向き　97
実数　46
質量数　10
射線　50
シュウィンガー　111
周期的境界条件　7
終状態　112
集団平均　4
自由粒子　81
縮退温度　102
シュレーディンガーの（時間によらない）波動方程式　64
シュレーディンガーの（時間を含んだ）波動方程式　64
シュレーディンガー表示　87
シュレーディンガー方程式　64
昇降演算子　92
初期位相　3

触媒　30
真空の誘電率　11
進行波　44
振動のエネルギー　3
振幅　3
スピン　96
スピン角運動量　37, 89, 96
スピン座標　97
スペクトル　33
スペクトル項　35
スレーター行列式　98
正弦波　46
正準分布　17
摂動展開　104
摂動ハミルトニアン　104
摂動論　104
全角運動量　91
前期量子論　40
線形　48, 74
線スペクトル　33
騒音　55
素元波　50
粗密波　54

た　行

第1ボルン近似　123
第0近似の固有関数　106
第2ボルン近似　123
ダガー　78
高さ　55
縦波　44
WKB近似　120
単位円　14
単振動　75
地球温暖化　30
超音波　55
聴覚のしきい値　54
超流動　111
定在波　56
定常状態　36
定常波　56
ディラック　71
ディラックのδ関数　72

ディラックの定数　36
デシベル　54
デビッソン　22
デュロン-プティの法則　4
転移温度　111
電気素量　8
電子顕微鏡　24
電子線回折　22
電子波　22
電子ボルト　8
電子レンズ　24
電離エネルギー　42
ド・ブロイ　22
ド・ブロイの関係　22
ド・ブロイ波　22
透過率　116
トムソン　10
朝永振一郎　111
トンネル効果　115, 116, 118

な　行

内部エネルギー　2
長岡半太郎　10
ナブラ　70
波　44
波の重ね合わせの原理　48
波の基本式　48
波の速さ　44
2回微分　47
西田幾多郎　21
2次波　50
2倍音　58
2倍振動　56
入射角　50
ニュートン　18
音色　55
ネオンサイン　32
熱運動　2
熱放射　6
熱容量　2
熱力学の第一法則　2
燃料極　30
燃料電池　30

索引

野口英世　25

は 行

バーナード　28
バーナードループ　28
パーマネント　101
媒質　44
ハイゼンベルク　71
ハイゼンベルクの運動方程式　87
ハイゼンベルクの不確定性原理　71
ハイゼンベルク表示　87
パウリ行列　96
パウリの原理　98
波形　46
波源　52
波数　48
波数空間　7
波数ベクトル　49
波束　70
波長　46
パッシェン系列　34
波動　44
波動関数　64
波動関数の規格化　72
波動説　18
波動方程式　48
波動力学　71
波動量　44
ハミルトニアン　70
波面　50
腹　50
バルマー　34
バルマー系列　34
反射角　50
反射の法則　50
反射率　116
光の二重性　20
微係数　47
非摂動エネルギー　104
非摂動系のハミルトニアン　104
非線形演算子　74

比熱　2
微分　47
微分散乱断面積　122
秒　11
ファインマン　111
フーリエ　85
フーリエ解析　85
フーリエ級数　85
フーリエ成分　113
フーリエ展開　113
フェルミエネルギー　102
フェルミオン　98
フェルミ温度　102
フェルミ統計　98
フェルミの黄金律　112
フェルミ波数　99
フェルミ面　99
フェルミ粒子　98
フォトン　18
複素数表示　48
複素平面　7, 65
節　50
物質の三態　2
物質波　22
物性　99
ブラ　82
ブラ・ベクトル　82
ブラケット系列　34
プランク　16
プランク定数　8
プランクの放射法則　16
分解能　24
分光器　33
分散　33, 62
分散関係　61, 62
分子　10
プント系列　34
分配関数　17
閉管　56
平均律　55
平面波　49
ベル　54
変数分離　138
偏微分　47

変分原理　108
変分パラメーター　108
ホイヘンスの原理　50
ボーア　36
ボーアの振動数条件　36
ボーア半径　38
ボース統計　98
ボース粒子　98
ボソン　98
ボルツマン定数　4
ボルン近似　113, 122, 123

ま 行

矛盾的自己同一　21
メガ電子ボルト　66
モル比熱　2
モル分子数　2

や 行

ヤング　18
陽子　10
要素波　50
横波　44
横波による縦波の表現　54

ら 行

ライマン系列　34
ラグランジアン　41
ラザフォード　10
ラザフォード散乱　10
離散的固有値　74
リッツの結合則　35
粒子説　18
流体　54
リュードベリ定数　34
量子　16
量子仮説　15, 16
量子効果　66
量子条件　36
量子数　36
量子統計　89, 98

励起状態　36	列ベクトル　97	ロンスキアン　117, 118
レイリー-ジーンズの放射法則　6	連続固有値　74	ロンスキー　117
	連続スペクトル　33	

著者略歴

阿 部 龍 蔵
（あ べ りゅう ぞう）

1953年　東京大学理学部物理学科卒業
　　　　東京工業大学助手，東京大学物性研究所助教授，
　　　　東京大学教養学部教授，放送大学教授を経て
現　在　東京大学名誉教授　理学博士

主要著書

統計力学 (東京大学出版会)　電気伝導 (培風館)　力学 [新訂版] (サイエンス社)
量子力学入門 (岩波書店)　物理概論 (共著, 裳華房)
物理学 [新訂版] (共著, サイエンス社)　電磁気学入門 (サイエンス社)
力学・解析力学 (岩波書店)　熱統計力学 (裳華房)　物理を楽しもう (岩波書店)
現代物理入門 (サイエンス社)　ベクトル解析入門 (サイエンス社)
新・演習 物理学 (共著, サイエンス社)　新・演習 力学 (サイエンス社)
新・演習 電磁気学 (サイエンス社)　新・演習 量子力学 (サイエンス社)
熱・統計力学入門 (サイエンス社)　新・演習 熱・統計力学 (サイエンス社)
Essential 物理学 (サイエンス社)　物理のトビラをたたこう (岩波書店)
はじめて学ぶ 物理学 (サイエンス社)　はじめて学ぶ 力学 (サイエンス社)
はじめて学ぶ 電磁気学 (サイエンス社)　はじめて学ぶ 熱・波動・光 (サイエンス社)
など多数

ライブラリはじめて学ぶ物理学＝5

はじめて学ぶ 量子力学

2008 年 4 月 25 日 ©　　　　　　初 版 発 行

著　者　阿部龍蔵　　　　発行者　木下敏孝
　　　　　　　　　　　　印刷者　篠倉正信
　　　　　　　　　　　　製本者　小高祥弘

発行所　　株式会社　サイエンス社

〒151-0051　東京都渋谷区千駄ヶ谷1丁目3番25号
営業 ☎ (03) 5474-8500 (代)　FAX ☎ (03) 5474-8900
編集 ☎ (03) 5474-8600 (代)　振替 00170-7-2387

印刷　　(株) ディグ　　　製本　小高製本工業 (株)

《検印省略》

本書の内容を無断で複写複製することは，著作者および
出版者の権利を侵害することがありますので，その場合
にはあらかじめ小社あて許諾をお求め下さい。

ISBN978-4-7819-1200-4
PRINTED IN JAPAN

サイエンス社のホームページのご案内
http://www.saiensu.co.jp
ご意見・ご要望は
rikei@saiensu.co.jp　まで．